もくじ

JN241774

マークの見方

✐ …体の大きさ。頭部の先たんから腹部の先たんまでの長さ。チョウ・ガ・ウスバカゲロウの場合は、前ばねの長さ、カタツムリは、からの大きさをあらわします。

🦋 …成虫が見られる時期

🔍 …見つかる場所

🌿 …おもな食べ物

たからさがしにでかけよう

こん虫さがしをしよう

こん虫たちは、身近なところにたくさんくらしています。
よく目立つものもいれば、見つからないようにかくれているものもいます。
こん虫さがしは「たからさがし」のようなもの。
いろいろなところに出かけて、こん虫たちを見つけてみよう。

花や野菜を育てる畑。

畑や公園で見つかるこん虫

近所の畑や公園に行ってみよう。花のみつや花ふんを食べに、たくさんのこん虫たちがやってきます。

木がたくさんはえた公園。

アゲハ

クロオオアリ

ハラビロカマキリ

オカダンゴムシ

こんなこん虫がいるかも

こん虫さがしをしよう

たからさがしポイント

花ふんを食べる
アオハナムグリ

キャベツを食べる
モンシロチョウの幼虫

木のみきと同じ色の
アブラゼミ

石の下にいる
ヒゲジロハサミムシ

1 花のみつに
集まる！

花のみつや花ふんを食べに、たくさんのこん虫たちがやってきます。

2 葉っぱには
幼虫がいる！

草や木の葉っぱをよく見ると、葉っぱを食べるこん虫がいます。

3 木のみきに
とまっているよ！

木のみきには、色やようがが木の皮にそっくりなこん虫がいます。

4 落ち葉や
石のうらにも！

落ち葉や石をひっくり返すと、見つかるこん虫もいます。

草原で見つかるこん虫

日当たりのよい、あおあおと草のしげった空き地や川原へ行ってみよう。
一歩足をふみこむと、バッタが草の中から飛び出し、地面をのぞきこむと、
たくさんのこん虫たちに出会えます。

こん虫さがしをしよう

草がしげる空き地は、
バッタやカマキリなど、
たくさんのこん虫たちが
くらしている。

こんなこん虫が
いるかも

マメコガネ
いろいろな葉っぱを食べている。

ツユムシ
草の上にいる。

オオカマキリ
草の高いところにいることが多い。

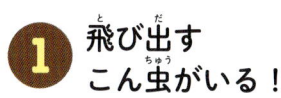

たからさがしポイント

パタパタと音を立てて飛び出す
トノサマバッタ

1 飛び出す こん虫がいる！

足もとから飛び出したバッタを
おいかけて、着地したところ
をさがしてみよう。

草にそっくりな
ショウリョウバッタの幼虫

2 草に かくれている！

形や色が草にそっくりなこん
虫がいます。草をかき分けて
動いたところを見つけよう。

地面がすきな
トノサマバッタ

3 地面も チェック！

トノサマバッタのように、せの
ひくい草と土や小石がまじる、
地面がすきなこん虫もいます。

「コロコロリー」と鳴く
エンマコオロギ

4 鳴き声を 聞こう！

コオロギやキリギリスのなかま
は、鳴き声を出します。

ウスバキトンボ
飛んでいたり、草で休んでいたりする。

ヒガシキリギリス
「ギーッチョン」と大きな声で鳴く。

雑木林で見つかるこん虫

クヌギやコナラの木がはえた雑木林には、こん虫たちがいっぱい。
みんなが大すきなカブトムシやクワガタムシなど、たくさんのこん虫たちが
くらしています。木のみきや枝の先、地面のすみずみまでさがしてみよう。

こん虫さがしをしよう

雑木林はシイタケ栽ばいの原木やまきなど、人が生活に利用する木を育てるために作った林です。

こんなこん虫がいるかも

ノコギリクワガタ
クヌギなどの樹液に集まる。

カブトムシ
クヌギなどの樹液に集まる。

ルリボシカミキリ
丸太で見つかる。

たからさがしポイント

クヌギの樹液に集まる
こん虫

1 樹液に たくさん！

クヌギやコナラの木は、こん虫が大すきなあまい樹液を出します。

クヌギの葉っぱを食べる
ヤママユガの幼虫

2 枝の先に 注目！

はり出した枝の先を見てみよう。体の形や色が、葉っぱや枝にそっくりなイモムシやナナフシが見つかります。

丸太を集めた材木置き場

3 かれ木は たからの山！

かれ木や丸太を集めたところには、卵を産みにカミキリムシが集まります。
＊丸太の上にのぼると危険！

地面を歩く
オオヒラタシデムシ

4 地面を 見てみよう！

雑木林の地面には、ミミズや死んだ生き物を食べてくらす、オサムシやシデムシのなかまが見つかります。

ナナフシモドキ（ナナフシ）
枝にかくれている。

アオオサムシ
地面を歩いている。

こん虫さがしをしよう

水辺で見つかるこん虫

田んぼや池、小川など、身近にある水辺に行ってみましょう。
トンボが飛んでいたり、水中にもさまざまなこん虫たちがくらしているよ。

こん虫さがしをしよう

水草が多い里山の休耕田は、たくさんの水生こん虫に出会える場所。

こんなこん虫が
いるかも

シオカラトンボ
水辺でよく見られる。

シマゲンゴロウ
池の中を泳いでいる。

オオアメンボ
水の上をすいすい泳いでいる。

たからさがしポイント

まっ赤な
ショウジョウトンボ

1 池や田んぼの まわり！

水草が多い池や田んぼのまわりでは、トンボたちが飛びかっています。

田んぼに多い
アキアカネのヤゴ

2 池や田んぼの 中にも！

水あみを使って水草のあたりをすくってみましょう。ヤゴなどが見つかります。

川原の石の上にとまる
ダビドサナエ

3 川原にも 集まる！

川のまわりの、石の上や草の上には、池や田んぼでは見られないトンボやカワゲラのなかまがいます。

川ぞこの石のうらにいる
エルモンヒラタカゲロウの幼虫

4 川の中を さがそう！

川のよどみの中の落ち葉や、流れの中にある石のうらにも、こん虫たちはかくれているよ。

川ぎしや川ぞこも、いろいろな水生こん虫が見つかる場所。

コオニヤンマのヤゴ
川の底で見られる。

オオクラカケカワゲラ
川辺の草の上にいる。

虫とりに行くときは

さあ、これから虫とりにでかけよう！こんなじゅんびをするといいよ！

野原など

水辺など

ぼうし
強い日差しから頭をまもる。

虫あみ
虫あみを使うときは、まわりの人のめいわくにならないように気をつけよう。水あみとしては使わない。

長そで
虫にさされないように長そでを着る。

水あみ
水の中でも使えるあみ。

虫とりかご
つかまえたこん虫を入れる。

バケツ
生き物と水を入れて持ちかえる。

ほかにあるといいもの
虫よけ、水とう、小さい図鑑など。

虫とり名人になろう！

●地面や低い草

地面にいるチョウやバッタなどは、あみがとどくところまで、そっと近づいたら、すばやくあみをかぶせます。

●枝の先やみき

木のみきや枝の先、草の上にとまっているこん虫は、すくいとるようにあみを下や横から、さっとふりきります。

●飛んでいるこん虫

飛んでいるこん虫をうまくキャッチできたら一人前。動きをよく見ながら、こん虫が近づいたしゅん間に、あみをふりきります。

●水の中のこん虫

池では、水草や水ぎわをすくいます。流れがある川では、川下にあみを置き、石をおこすとこん虫が流されてあみに入ります。

こん虫さがしをしよう

10

こん虫の持ちかた

こん虫をこわがることはありません。持ちかたをおぼえればだいじょうぶです。

●小さいこん虫や、やわらかい虫は、強くつまみすぎないようにやさしくつかもう。

背中からつかむ

はさまれたり、かみつかれたりするおそれがあるこん虫は、背中から胸のあたりをつかむ。

はねをつかむ

チョウやトンボなど、はねが大きいこん虫は、はねをやさしくつかむ。

なれてきたら

こん虫の動きがわかり、すばやくにげないことがわかったら、手の上にやさしくのせてみよう。

こん虫の持ちかえりかた

●こん虫は必要な数だけ持ちかえろう。

●小さいケース

足場になる草なども入れる。
*こん虫を入れすぎないこと。

●タッパー

水生こん虫は、タッパーなどに水草を入れて持ちかえろう。空気穴をわすれずに。

●ビニールぶくろ

こん虫によっては、ビニールぶくろでもだいじょうぶ。空気を入れて、ふくらませて持ちかえろう。

●けんかをするこん虫は

クワガタムシなどけんかをするこん虫は、1匹ずつ容器に入れて持ちかえろう。

*持ちかえるまでの間、日に当てないことが大切。クーラーボックスを使うと安心。

こん虫をかうときは

●しいくケース

こん虫の大きさとくらしに合うサイズをえらぶ。また、ふたがしっかりロックできるものをえらぼう。

かぶとむし

メス

オス

りっぱな角をもつカブトムシ。大きな体で、力強く
飛ぶすがたや、樹液をめぐるたたかいは大はく力。
カブトムシは夏の雑木林を代表するこん虫の王様。

カブトムシ
🪮 44〜55mm　🟥 6〜8月
🔍 平地から山地の雑木林

とくちょう

カブトムシは、クヌギやコナラの木がはえる雑木林にすんでいます。大こうぶつの樹液をとり
あうために、ほかのカブトムシやクワガタムシとけんかをすることがあります。

こん虫の王様

ノコギリクワガタとたたかうカブトムシ。角をあいての体の下に入
れて、「えいっ!」となげ飛ばすよ。体が大きく、力も強いカブト
ムシは、あまりけんかで負けることがありません。

樹液を
チュウチュウ

ブラシのような口で、樹液
をなめるように食べるよ。

おしっこを
飛ばす

おしっこをいきおいよく飛ば
すよ。イヌのようにかたあし
を上げて、おしっこをするこ
ともあるんだ。

　まめちしき カブトムシという名前は、日本の武士の「カブト」ににていることからつけられました。

くらし

成虫は6月から8月にあらわれます。メスが産んだ卵は、1週間でふ化します。土を食べてどんどん大きくなり、3齢（終齢）幼虫で冬をこします。

1
卵（4mm）は10日ほどでふ化する。

2
1齢幼虫で10日ほどすごす。

3
2齢幼虫で20日ほどすごす。

4
冬ごしする3齢幼虫。深い場所にもぐり、えさはほとんど食べない。

幼虫のよびかた

[カブトムシ以外のこん虫も同じ]

● **1齢幼虫**…卵からふ化した幼虫
● **2齢幼虫**…1回脱皮した幼虫
● **3齢幼虫**…2回脱皮した幼虫

さなぎになる前の幼虫を終齢幼虫とよぶ。

5
つぎの年の6月ごろ、さなぎになるための部屋を作る。

6
10日後くらいに脱皮してさなぎになる。

7
脱皮したつぎの日のさなぎ。角がのびきってオレンジ色になる。

8
20日後くらいに脱皮して成虫になる。

こうちゅうのなかま

まめちしき カブトムシは、敵をいかくするときや、求愛（きゅうあい）のときに、はねとおなかをこすり合わせて「シュッ、シュッ」と音を出すことがあります。

かいかた ［成虫_{せいちゅう}］

カブトムシの成虫_{せいちゅう}のじゅ命は、自然_{しぜん}のなかでは3週間_{しゅうかん}ほどですが、しいくすると1か月_{げつ}ほど、なかには3か月_{げつ}生きるものもいます。ていねいにかって長生_{ながい}きさせ、卵_{たまご}を産_うませてみよう。

えさ

こん虫_{ちゅう}ゼリーやリンゴなどのくだものをあたえる。こん虫_{ちゅう}ゼリーはホームセンターなどで買_かえる。

こん虫_{ちゅう}ゼリー

リンゴ

30cmのケースで、オスとメス1匹_{ぴき}ずつ入れてかう。カブトムシは力_{ちから}が強_{つよ}いので、しっかりふたをする。

● 風通_{かぜとお}しのよい日_ひかげか、室内_{しつない}でかう。気温_{きおん}は26〜28度_どが理想_{りそう}。

ひっくり返_{かえ}ったときにあしをかけて起_おき上_あがれるように、止_とまり木_ぎを2〜3本_{ぼん}入_いれる。

● こん虫_{ちゅう}マットを深_{ふか}さ5cmくらい入_いれて、もぐって休_{やす}む場所_{ばしょ}を作_{つく}る。かわいてきたらきりふきでしめらせる。おしっこでよごれてきたら交換_{こうかん}する。こん虫_{ちゅう}マットはホームセンターなどで買_かえます。

ポイント

カブトムシにダニがついていることがあります。人_{ひと}にはつかないダニなので、あわてずに古_{ふる}い歯_はブラシを使_{つか}い、体_{からだ}をやさしく水洗_{みずあら}いしよう。

卵_{たまご}の産_うませかた

卵_{たまご}を産_うませるときは、やわらかいこん虫_{ちゅう}マットを用意_{ようい}して、オス1匹_{ぴき}に対_{たい}してメスを1〜2匹_{ひき}入_いれます。ケースをセットして3週間_{しゅうかん}たったら、少_{すこ}しずつほり返_{かえ}してみましょう。こん虫_{ちゅう}マットのかたまりが見_みつかったら、その中_{なか}に卵_{たまご}があります。卵_{たまご}は1週間_{しゅうかん}ほどでふ化_かします。

これが卵_{たまご}！

40cm以上_{いじょう}の大_{おお}きなケース。やわらかいこん虫_{ちゅう}マットを深_{ふか}さ15cm以上_{いじょう}入_いれる。

ポイント

多_{おお}いときには、100個近_{こちか}い卵_{たまご}を産_うみます。ケースが小_{ちい}さいとたくさん産_うみません。

こうちゅうのなかま

まめちしき タヌキとカラスは、樹液_{じゅえき}に集_{あつ}まるカブトムシを食_たべてしまう天敵（てんてき）です。

[幼虫]

ふ化して1か月後には3齢幼虫になります。秋から冬にかけて、幼虫はえさであるこん虫マットを食べてどんどん大きくなります。11月、寒くなると、幼虫はえさをあまり食べなくなり、冬ごしに入ります。つぎの年の3月、あたたかくなると幼虫は活発に動きだしてえさを食べはじめます。4月になったらこん虫マットを十分に入れて、さなぎになるまでほり返さずにそっとしておきましょう。

えさ

こん虫マット
秋と春先はよく食べるので、えさ不足に注意！

40cm 以上の大きなケースで、幼虫8〜10 匹かえる。

ふたとケースの間に、空気穴をあけたビニールシートをはさむ。

ポイント
幼虫を冬ごしさせるときは、玄関などの暖房があたらず、温度が安定した場所にケースを置きましょう。ときどききりふきで水をかけてしめらせること。

こん虫マットの深さは、15cm 以上にする。

●3齢幼虫はフンをたくさんする。フンが目立ってきたら取りのぞき、こん虫マットを足す。

3齢幼虫のフン

こうちゅうのなかま

さなぎをかんさつしよう

直径 10cmほどのとうめいな容器に、大きい幼虫をえらんで2匹入れます。こうすると外から見えるところにさなぎの部屋を作ることがあるので、中のようすをかんさつできます。このかんさつセットは、4月ごろに作ります。

さなぎの部屋かんさつセット。

こんなのもおすすめ！

さなぎの部屋をこわしてしまったり、脱皮をよくかんさつしたいときは、さなぎの部屋を作ってみましょう。コップなどのたて長の容器にしめらせたティッシュでかべを作り、その中にさなぎを入れます。空間の直径は 3.5cm ほどにします。

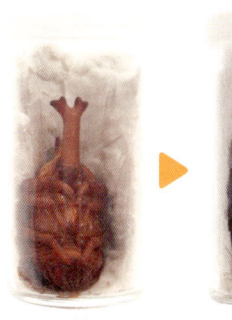

コップ型の日本酒のビンを利用するとよい。フタに空気穴をあける。

まめちしき 世界最大のカブトムシはヘルクレスオオカブトで、体長は 170mm くらい。最小は、チビクロマルカブトで、体長はたった 6mm ほど。

くわがたむし

りっぱなオスの大アゴがかっこいいクワガタムシ。身近な雑木林でも数種類が見られます。卵を産ませて、大きなクワガタに育てる楽しみもあり、みりょくにあふれたこん虫です。

メス

オス

ノコギリクワガタ
オス26〜75mm
メス25〜41mm
7〜9月
平地から山地の雑木林

とくちょう

大きなアゴで、相手をはさんで遠くへ投げ飛ばします。大アゴの力はとても強く、相手の体に穴をあけてしまうこともあります。けんかに勝ったほうが、食べ物やメスをどくせんします。

武器は大アゴ！

けんかをするミヤマクワガタ（左）とノコギリクワガタ（右）。

同じノコギリクワガタでも、大きさによって、大アゴの形がちがうよ。

飛ぶこともできる！

樹液をさがして飛ぶノコギリクワガタ。カブトムシと同じように体が重いので、飛ぶのはじょうずじゃないよ。

成虫でも冬をすごす！

木の中で冬をすごすコクワガタの成虫。幼虫も木の中で冬ごしするよ。

こうちゅうのなかま

くらし

ノコギリクワガタ

ノコギリクワガタの幼虫は、くち木を食べて育ちます。幼虫の期間はおよそ2年。さなぎから羽化した成虫はそのまま冬をこし、つぎの年の夏に地上にあらわれて活動します。

卵

メスはくち木の根の部分や土に産卵する。

卵は2.5mmほど。2週間ほどでふ化し、幼虫はくち木の中にもぐりこむ。

くち木を食べはじめた1齢幼虫。秋までに1度脱皮して、2齢幼虫で冬をこす。

夏に3齢（終齢）幼虫へと脱皮し、その後、1年間すごす。

ふ化してから2年後の夏、3齢幼虫はくち木から出て、土の中にさなぎの部屋を作る。

さなぎの期間は3週間ほど。

羽化と同時にはねがのびて、まがっていた頭部が前を向く。

羽化したつぎの日には色づく。そのままさなぎの部屋にとどまり、つぎの年の夏をまつ。

こうちゅうのなかま

まめちしき クワガタムシの幼虫は、自分のうんちを食べながらくち木を食べます。これは、うんちの中の微生物が消化を助けるからです。

17

かいかた ［成虫（せいちゅう）］

オオクワガタやヒラタクワガタなどは、成虫（せいちゅう）のすがたで冬（ふゆ）をこします。じょうずにかって長生（なが い）きさせてみよう。

えさ

こん虫（ちゅう）ゼリーやリンゴなどのくだものをあたえる。こん虫（ちゅう）ゼリーはホームセンターで買（か）える。

リンゴ

こん虫（ちゅう）ゼリー

30cmのケースにオスとメス1匹（びき）ずつ。

●こん虫（ちゅう）マットを深（ふか）さ5cmくらい入（い）れて、もぐって休（やす）む場所（ばしょ）を作（つく）る。かわいたらきりふきでしめらせ、よごれたらとりかえる。

ひっくり返（かえ）ったときにあしをかけて起（お）き上（あ）がれるように、止（と）まり木（ぎ）を2〜3本（ぼん）入（い）れる。

卵（たまご）の産（う）ませかた

オオクワガタのメスは産卵木（さんらんぼく）の表面（ひょうめん）や中（なか）に卵（たまご）を産（う）む。産卵木（さんらんぼく）は6〜8月（がつ）に2〜3本（ぼん）うめよう。ノコギリクワガタ、ミヤマクワガタ、ヒラタクワガタの場合（ばあい）は、園芸用（えんげいよう）の黒土（くろつち）を使（つか）います。産卵木（さんらんぼく）の表面（ひょうめん）や、土（つち）の中（なか）にも卵（たまご）を産（う）みます。

●オオクワガタ・コクワガタの産卵（さんらん）セット

こん虫（ちゅう）マットを15cm以上（いじょう）入（い）れる。

●40cm以上（いじょう）のケース。

産卵木（さんらんぼく）
ホームセンターなどで売（う）っている。

びっくり情報（じょうほう）

5年（ねん）も生（い）きるオオクワガタ

オオクワガタ、ヒラタクワガタ、コクワガタの成虫（せいちゅう）は2〜3年（ねん）生（い）きますが、オオクワガタは5年（ねん）も生（い）きることがあるよ。ノコギリクワガタ、ミヤマクワガタは、活動（かつどう）した年（とし）の秋（あき）には死（し）んでしまいます。

［幼虫］

クワガタムシの幼虫は、たて長のしいくビンに入れてかいます。えさをもりもり食べて成長し、しいくビンの中で羽化します。

幼虫をしいくビンにうつす

10月になったら、産卵セットから産卵木をほり出してみよう。産卵がうまくいっていれば、中に幼虫がいる。マイナスドライバーの先などで幼虫をきずつけないようにしんちょうに産卵木をけずって幼虫をほり出そう。

産卵木の中の
ノコギリクワガタの幼虫

●こん虫マットを入れた、しいくビン

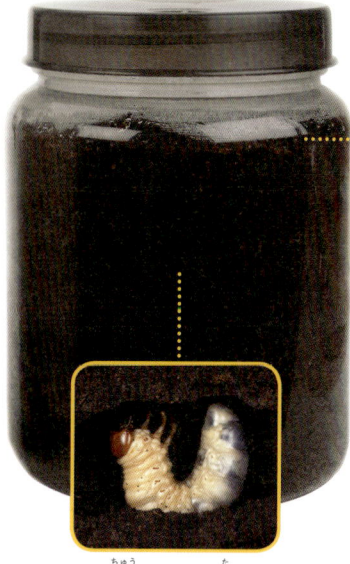

ドライバーの先で、もぐるきっかけになる穴を作ったら、スプーンなどで幼虫をすくって、しいくビンにうつす。

こん虫マットを食べて育った、ノコギリクワガタの3齢幼虫。

こん虫マットの入れかた

こん虫マットはホームセンターなどでたくさんの種類が売られています。幼虫を育てるえさとして使う場合、栄養が添加され発酵処理されたものをえらぼう。

1 こん虫マットに水をくわえてかきまぜる。手でにぎると、まとまるくらいにする。

2 ビンにつめ込み、ドライバーのグリップなどで押し込み、かためる。

こん虫マットのかえかた

こん虫マットは時間がたつとえさとしての質が落ちるので、3〜4か月たったらかえましょう。古いこん虫マットには消化を助けるバクテリアが入っているので、底1cmくらいのマットを残して入れかえます。

幼虫をきずつけないように注意しながら、ドライバーの先を使ってこん虫マットをかき出す。

まめちしき オオクワガタの幼虫は、くち木とキノコ（菌糸）も食べるので、菌糸ビンのえさがおすすめです。

クワガタムシ図鑑

平地の雑木林から山地にかけてすむ、代表的なクワガタムシのなかまをしょうかいします。

こうちゅうのなかま

コクワガタ

オス　メス

📏 オス17〜54mm
メス22〜30mm
🦋 5〜9月
🔍 平地から山地の雑木林
雑木林でもっともふつうに見られるクワガタムシ。かいやすく、成虫のじゅ命は2〜3年。

ヒラタクワガタ

オス　メス

📏 オス23〜81mm
メス21〜44mm
🦋 5〜9月
🔍 平地から山地の雑木林
関東地方ではやや少なく、温暖な地域ではふつうに見られる。かいやすく、成虫のじゅ命は2〜3年。

オオクワガタ

オス　メス

📏 オス27〜77mm
メス34〜44mm
🦋 6〜9月
🔍 山地の森林
野外ではなかなか見つからないが、人気があるのでお店でたくさん売られている。成虫は5年生きることもめずらしくない。

スジクワガタ

オス　メス

📏 オス13〜40mm
メス14〜25mm
🦋 6〜9月
🔍 低山地から山地の雑木林
山に近い雑木林でふつうに見られる。コクワガタによくにているが、大アゴの形で見分ける。成虫のじゅ命は2年ほど。

アカアシクワガタ

オス　メス

📏 オス23〜59mm
メス25〜38mm
🦋 7〜9月
🔍 山地の森林
山地のヤナギでよく見つかる。成虫のじゅ命は2年くらい。

ミヤマクワガタ

オス　メス

📏 オス30〜79mm
メス25〜45mm
🦋 6〜9月
🔍 山地の森林
すずしい山地で見られる。高温に弱く、26度以内でしいくする。羽化後、土の中で冬をこしてから、つぎの年に活動する。成虫のじゅ命は1年。

まめちしき　日本最小のクワガタムシはマダラクワガタで、体長は5mm ほどしかありません。

ヤナギの樹液に来た
ミヤマクワガタのオス

クヌギの樹液に集まるこん虫たち。

カブトムシ・クワガタムシのつかまえかた

カブトムシとクワガタムシは、6月から8月にかけて、クヌギやコナラ、ヤナギの木によくやってきます。雑木林に行って、クヌギやコナラを見つけたら、こんなことをためしてみよう！

●樹液をさがす

樹液を食べにきていることがあります。

●木をけってみる

びっくりして落ちてくることがあります。

●えさをしかける

パイナップルやバナナにお酒（焼酎）をかけたものを、木につるしておきます。しかけたその日の夜に見に行きましょう。しかけたえさは、終わったらとりのぞこう。

まめちしき　クワガタムシは、水銀灯やけい光灯の明かりにはよく集まりますが、ＬＥＤライトにはあまり集まりません。

21

てんとうむし

ぽかぽかした春の日、草むらでテントウムシと遊んでみよう。そっと手にとまらせて、人差し指を立ててみると、上に向かって歩きはじめ、ぱっとはねを広げて飛びたつよ。

ナナホシテントウ（オス）
📏5〜8.5mm　🦋4〜11月
🔍町中や人里の草原
広く分布する代表的なテントウムシ。成虫・幼虫とも、おもにアブラムシを食べる。

くらし

ナナホシテントウは、3月から活発に動き出し、明るい草原で見られます。夏のあつさがにがてなので、7〜9月は草の根もとでじっとしていますが、秋にふたたび活動をはじめ、成虫で冬をこします。

1 葉のうらに産卵するメス。10〜20個の卵を産む。

2 アブラムシを食べる1齢幼虫。

3 3回の脱皮をくり返し、1cmほどの4齢（終齢）幼虫になる。

4 幼虫は、葉っぱの上などにおなかの先をくっつけてさなぎになる。

5 1週間ほどで羽化して成虫になる。羽化したばかりは黄色い。

かんさっしょう

お天道さま（おひさま）をめざして、上へのぼっていくので、天道虫とよばれるようになったよ。

よいしょ　よいしょ

コップのふちを歩かせると高いところをさがして、ぐるぐる回るよ。

　まめちしき テントウムシは、ひっくり返っても、はねを広げて起き上がることができます。

かいかた

成虫と幼虫ともに、えさになるアブラムシがついた草を用意すれば、かんたんにかうことができます。幼虫の期間は2〜3週間です。

かんさつしよう

黄色いしるを出すよ！

指でつまむと、黄色いしるを出すよ。変わったにおいがして、なめると苦い味がします。これは鳥などの敵から身をまもるためだよ。

20cmのケースで、4〜5匹の成虫がかえる。

あまいものがすきなので、リンゴをあたえるとよくなめる。

アブラムシがにげないように、ふたの下に目の細かいあみをはさむ。

しっかりふたをしめる。

えさ

アブラムシ
📏 1〜3mm。いろいろな植物のくきや葉っぱについている。

アブラムシを草ごと切りとってあたえる。草がしおれないように、水を入れたビンにさす。

テントウムシ図鑑

テントウムシのなかまは、動物食のほかに葉っぱを食べる植物食や菌食のものもいます。

幼虫

ナミテントウ
📏 5〜8mm 🦋 4〜10月
アブラムシを食べる。

幼虫

カメノコテントウ
📏 8〜12mm 🦋 4〜11月
クルミハムシなどの幼虫を食べる。

幼虫

アカホシテントウ
📏 6〜7mm 🦋 4〜11月
タマカイガラムシのなかまを食べる。

幼虫

オオニジュウヤホシテントウ
📏 7〜8mm 🦋 5〜8月
ジャガイモやナスの葉っぱを食べる。

ヒメカメノコテントウ

📏 3〜5mm
🦋 4〜11月
アブラムシを食べる。

キイロテントウ
📏 4〜5mm
🦋 5〜10月
ウドンコ病などの菌類を食べる。

幼虫

まめちしき　テントウムシにそっくりなすがたで、身を守る虫がいます。これを標識的擬態（ひょうしきてきぎたい）といいます。

おとしぶみ

若葉のきせつに山道を歩くと、ていねいに巻かれた葉っぱが落ちているよ。それは、オトシブミの幼虫が育つためのゆりかご（揺籃）。どのように作るのか、ぜひかんさつしてみよう。

ウスモンオトシブミが巻いた葉っぱ。

ウスモンオトシブミ

🪥6.5〜7mm 🦋5〜8月
🔍低山地のキブシ

とくちょう

オトシブミのなかまのメスは、幼虫のために小さな体で葉っぱをていねいに巻きあげていくよ。

葉っぱを巻いて
卵を産むよ！

せっせ
せっせ

がんばれ！

ウスモン
オトシブミ

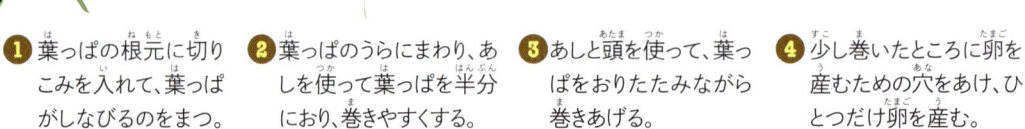

❶葉っぱの根元に切りこみを入れて、葉っぱがしなびるのをまつ。

❷葉っぱのうらにまわり、あしを使って葉っぱを半分におり、巻きやすくする。

❸あしと頭を使って、葉っぱをおりたたみながら巻きあげる。

❹少し巻いたところに卵を産むための穴をあけ、ひとつだけ卵を産む。

90分で、
できあがり！

❺また巻きはじめる。

❻葉っぱのりょうはしを行ったり来たりして、巻いてゆく。

❼最後に葉っぱが開かないように、根元をうら返してかぶせる。

❽葉っぱのつけ根をかじり、ゆりかごを切り落としてできあがり。

まめちしき オトシブミという名前は、昔の人のラブレターを意味する「落とし文」からつけられました。

おもしろ情報

ゆりかごを食べて育つよ
＊見やすいように、葉っぱを切ったところ。

成虫になるまで出てこないんだね。

ウスモンオトシブミのゆりかごのまん中に産みつけられた卵。5〜6日でふ化する。

葉っぱを食べて成長した3齢幼虫。ふ化した幼虫は2回脱皮し、10日間かけて成長する。

さなぎの期間は1週間ほど。羽化した成虫は葉っぱを食いやぶって外に出る。

オトシブミ図鑑

初夏の森では、いろいろな種類のオトシブミに出会うことができます。道に落ちているゆりかごを見つけたら、真上の枝の先を見てみよう。オトシブミが見つかるかもしれません。

ヒゲナガオトシブミ

オス　　　メス

📏 8〜12mm　🦋 5〜7月
🔍低山地から山地のアブラチャンやフサザクラなど

ヒメクロオトシブミ

📏 4〜5mm　🦋 4〜8月
🔍平地のクヌギ、コナラ、ノイバラ、フジなど

ゴマダラオトシブミ

📏 7〜8mm　🦋 5〜8月
🔍平地から山地のクリ、コナラ、ミズナラなど

オトシブミ

オス　　　メス

📏 8〜9.5mm　🦋 5〜8月
🔍低山地から山地のクリ、ハンノキ、クルミなど

エゴツルクビオトシブミ

オス　　　メス

📏 6〜9.5mm　🦋 4〜8月
🔍平地から山地のエゴノキ

川ぞいの林道によく落ちているヒゲナガオトシブミのゆりかご。

25

かみきりむし

りっぱな触角がほこらしいカミキリムシ。雑木林にはたくさんの種類がいて、大きさや色もさまざまです。きみはどれだけの種類と出会えるかな？

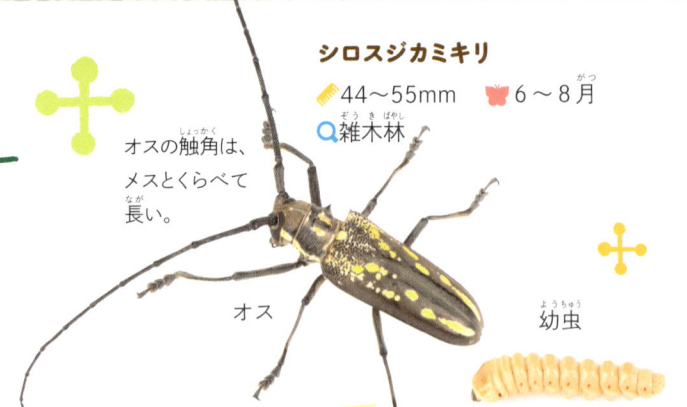

シロスジカミキリ
📏44〜55mm 🦋6〜8月
🔍雑木林

オスの触角は、メスとくらべて長い。

オス

幼虫

こうちゅうのなかま

とくちょう
＼ 強いアゴ！ ／

アゴ

シロスジカミキリの顔。ちょっとこわい顔つきで、ペンチのようなするどいアゴをもっているよ。クヌギやコナラの枝の皮を、アゴでかじりながら食べます。

くらし シロスジカミキリ

1 木の皮の下に産みつけられた卵。長さ1cmほど。

2 幼虫は4回脱皮をくり返して、木の中でゆっくり大きくなる。

3 3年後の秋に木の中でさなぎになる。20日後に羽化すると、成虫のまま木の中で冬をこす。

4 4年後の初夏、木をくいやぶって脱出し活動をはじめる。夜に飛びまわり、あかりにやってくることもある。

まめちしき カミキリムシは、髪の毛を切ってしまうほど大あごの力が強いことから「髪切り虫」と名づけられたといわれています。

かいかた

カミキリムシの成虫は、種類によって食べるものがちがいます。木の皮を食べる種類は、えさになる木の枝をあたえればかんたんにかうことができます。ほとんどの種類は、リンゴなどのくだものも食べます。

えさ

クヌギやコナラなどの、若い枝の皮やリンゴ。

クヌギ

リンゴ

コナラ

カミキリが食べる植物は、カミキリムシ図鑑（28ページ）の「見つかる場所」の木の枝だよ。

しっかりふたをしめる。

●ケースがたおれないように注意。たおれやすいケースは横にして使う。

リンゴなどは枝にさす。

水が入ったビンに枝をさす。

30cmのケースで、2〜3匹。ケースをたてに置き、えさの枝を入れる。

こうちゅうのなかま

かんさつしよう

ギィーギィー

音を出すよ！

この部分の、ヤスリみたいにギザギザしたところをこすり合わせる。

手でつかむと、むねのあたりを動かしながら「ギィーギィー」と音を出すよ。

ガラスをのぼる！

あしの先の細かい毛が、ガラスの表面の小さなくぼみにひっかかるので、ガラスをのぼることができるよ。

自分で起き上がる！

ひっくり返すと、長い触角を使って起き上がるよ。

まめちしき　カミキリムシの幼虫は、テッポウムシ（鉄砲虫）とよばれます。

カミキリムシ図鑑

この図鑑の中に右の写真のカミキリムシがいるよ。さがしてみよう!

こうちゅうのなかま

コバネカミキリ
📏11〜30mm　🦋7〜8月　🔍かれ木など

ウスバカミキリ
📏32〜51mm　🦋7〜8月　🔍木のみき

ホソカミキリ
📏19〜30mm　🦋6〜9月　🔍木のみき

クロカミキリ
📏11〜23mm　🦋5〜11月　🔍マツなどのかれ木

ノコギリカミキリ
📏20〜38mm　🦋5〜9月　🔍木のみき

アカハナカミキリ
📏13〜20mm　🦋6〜8月　🔍花やかれ木

ヨツスジハナカミキリ
📏13〜21mm　🦋6〜8月　🔍花やかれ木

ミヤマカミキリ
📏32〜54mm　🦋6〜8月　🔍樹液など

アカアシオオアオカミキリ
📏25〜30mm　🦋7〜8月　🔍樹液など

アオスジカミキリ
📏20〜33mm　🦋6〜8月　🔍かれ木など

ルリボシカミキリ
📏18〜29mm　🦋6〜9月　🔍樹液やかれ木

　まめちしき ウスバカミキリやノコギリカミキリなどの成虫は、水しか飲みません。

キマダラミヤマカミキリ
📏 26〜34mm　🦋 6〜8月　🔍 樹液やかれ木

ベニカミキリ
📏 12〜17mm　🦋 5〜8月　🔍 花やかれたタケ

トラカミキリ（トラフカミキリ）
📏 17〜26mm　🦋 5〜8月　🔍 クワ

ハンノキカミキリ
📏 15〜22mm　🦋 5〜7月　🔍 ハンノキなど

ヤツメカミキリ
📏 12〜18mm　🦋 6〜8月　🔍 サクラやウメなど

ラミーカミキリ
📏 10〜14mm　🦋 5〜7月　🔍 カラムシなど

キボシカミキリ
📏 15〜30mm　🦋 6〜11月　🔍 クワ・イチジクなど

センノキカミキリ
📏 20〜37mm　🦋 7〜9月　🔍 タラノキ・センノキなど

マツノマダラカミキリ
📏 18〜27mm　🦋 5〜9月　🔍 アカマツなど

ゴマダラカミキリ
📏 23〜35mm　🦋 6〜8月　🔍 ミカン・ヤナギなど

クワカミキリ
📏 35〜45mm　🦋 6〜8月　🔍 クワなど

キクスイカミキリ
📏 6〜10mm　🦋 4〜6月　🔍 ヨモギなど

まめちしき カミキリムシのなかまには、花びらや花粉を食べるものもいます。

こうちゅうのなかま

ほたる

初夏の夜、川のほとりを飛びかうホタルを見てみましょう。ホタルの青白い光は美しく、一生の思い出になるでしょう。ホタルは、卵、幼虫、さなぎ、成虫とも発光する、ふしぎな生き物です。

オス

ゲンジボタル
✏️10〜16mm
🗓5〜7月
🔍川など

幼虫

くらし

ゲンジボタル

関東では、6月の上旬から2週間くらい見ることができます。メスは水辺のコケ類に卵を産み、1か月後にふ化した幼虫は水中生活に入り、カワニナという巻き貝を食べます。

オスは、夜の8時をすぎたころ飛んだり葉っぱにとまったりして光を出す。成虫は何も食べず、水を飲むだけ。

卵も弱い光を出す。

メスは、水辺にはえるコケ類に、500〜1000個の卵を産みつける。

1 カワニナ　幼虫

カワニナを食べる幼虫。幼虫は6回の脱皮をして成長する。

2

4月の雨の夜、幼虫は光りながら川岸をのぼり、土の中にもぐりこむ。

3

土の中で光るさなぎ。しげきを受けると、おなかの先が強く光る。

4

土の中で羽化した成虫。成虫のじゅ命は2週間ほど。

まめちしき ホタルの光は熱を出していないので、さわっても熱くありません。

ホタルに会いに行こう！

山口県下関市の川ぞい。1000匹ほどの
ゲンジボタルが光りながら飛ぶ。

ゲンジボタルは各地で保護がさかんに行われています。とくに九州地方は発生数も多く、5月下旬から見られます。関東地方は6月上旬から中旬が見ごろです。地域の情報を調べて見に行ってみましょう。ちなみに、ゲンジボタルのオスの発光は、東日本と西日本でちがいがあり、東日本では4秒、西日本では2秒間かくで光ります。

飛ぶゲンジボタル
のオス。

おもしろ情報

ホタルが光るのは、プロポーズをしているからだよ。おたがいに光を出して、結婚相手をさがしているんだ。そのほか、おどろいたりしたときにも光るよ。

光で恋人をさがしているんだね。

ホタル図鑑

日本には約40種類のホタルがいますが、幼虫のときに水中ですごす種類は少なく、多くは陸の上ですごします。陸で見られるホタルの幼虫は、カタツムリやミミズなどを食べます。

ヘイケボタル
📏5〜7mm 🦋6〜8月
🔍田んぼや池
田んぼに多い、小さなホタル。

オバボタル
📏7〜12mm 🦋6〜8月
🔍しめった林
草の上でよく見る。

ムネクリイロボタル
📏7〜8mm 🦋5〜7月
🔍丘陵から山地
草や葉っぱのうらにいる。

クロマドボタル
オス
メス
📏9〜11mm 🦋6〜8月
🔍雑木林
オスとメスのすがたがちがう。

まめちしき ホタルは、鳥などの敵から身を守るために体の中に毒をもっています。でも人間には影響ありません。

げんごろう

水中でくらすコウチュウのなかで、日本でいちばん大きいゲンゴロウ。最近では数がへってめずらしくなりましたが、田んぼやため池が多いところでは、まだ見ることができます。

ゲンゴロウ
🪥 36〜39mm
🦋 1年中
🔍 池やぬま

幼虫

とくちょう

泳ぐのがとくい！

長い後ろあしを使ってじょうずに泳ぐよ。

飛ぶのもとくい！

水の中にすんでいるけれど、飛ぶこともできるよ。

くらし ゲンゴロウ

1

卵

産卵中のメス。春から初夏にかけて、水中の水草に1.5cmの卵を産む。

2

ヤゴを食べる2齢幼虫。2回脱皮して大きくなる。

3

幼虫は田んぼのあぜなどにはいあがり、土の中でさなぎになる。

4

土の中で羽化する。2〜3日すると出てきて、水の中でくらす。

こうちゅうのなかま

かいかた

ゲンゴロウはじょうぶでかいやすい水生こん虫です。じゅ命が長く、3年も生きるものがいます。

えさ

小型のこん虫、メダカ、おたまじゃくし、赤身の魚、にぼしなど。

おたまじゃくし

赤身の魚

にぼし

40cmのケースで、5匹くらい。小型のヒメゲンゴロウは、30cmのケースでもかえる。

よじのぼってこうら干しをするので、水の上につき出たぼうを立てる。

水がよごれやすいので、ろ過装置を入れる。ヒメゲンゴロウなどは、ろ過装置を使わず、水を毎日半分ずつかえてもよい。

砂利を入れて、くきが太いヘラオモダカなどの水草を植えると産卵することがある。

かんさつしよう

空気タンクがある

ゲンゴロウは、はねの下にためた空気で息をするよ。空気は、水面におしりを出して、とり入れます。

ゲンゴロウ図鑑

小型のゲンゴロウのなかまは、田んぼや池など身近な水辺で見られます。

ヒメゲンゴロウ
📏10〜12mm 🦋1年中
🔍池や川など

コシマゲンゴロウ
📏10〜11mm 🦋1年中
🔍池や川など

シマゲンゴロウ
📏10〜11mm 🦋4〜10月
🔍田んぼや池。数が少ない

まめちしき 中国やタイなどでは、ゲンゴロウを油で素揚げにして食べます。長野県でも古くは食べていた記録があります。

こうちゅうのなかま

がむし

ガムシはゲンゴロウにすがたがにている、水生こん虫です。走り回るように必死に泳ぐすがたは愛きょうがあります。最近ではあまり見かけなくなりましたが、水草が多い池などにすんでいます。

ガムシ
- 33〜40mm
- ほぼ1年中
- 水草が多い池やぬま

幼虫

こうちゅうのなかま

とくちょう

おなかに牙がある！

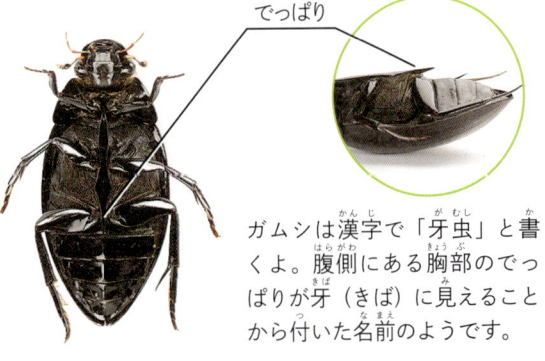

でっぱり

ガムシは漢字で「牙虫」と書くよ。腹側にある胸部のでっぱりが牙（きば）に見えることから付いた名前のようです。

泳ぎはあまりうまくない

ゲンゴロウほど泳ぎがうまくないよ。水草につかまりながら歩いたりして、水中で生活しています。

スイ〜
フリフリ
ジタバタ

かんさつしよう

ガムシとゲンゴロウの息つぎのちがい

ガムシもゲンゴロウも、体にためた空気を使って呼吸します。水面から空気をとり入れる方法と、空気をためる場所が、それぞれちがいます。

ためた空気

ガムシ

ガムシは触角から空気をとり入れて、胸部の腹側にある毛に空気をためる。

ゲンゴロウ

ゲンゴロウは腹の先から空気をとり入れて、はねの下のすきまに空気をためる。

まめちしき　ゲンゴロウは後ろあしを使って泳ぐけれど、ガムシは中あしと後ろあしの両方を使って泳ぎます。

くらし

ため池などで冬をこした成虫は、春先から活動をはじめ、田んぼなどにもあらわれます。成虫は水草や生き物の死がいなどさまざまなものを食べる雑食ですが、幼虫はおもに貝類を食べる動物食です。初夏にふ化した幼虫は成長すると田んぼのあぜなどにもぐりこんでさなぎになり、夏から秋にかけて成虫になります。

1 メスは水面に浮いた落ち葉や水草などに産卵する。腹の先から糸を出し、浮き船のような「卵のう」を作る。

2 卵のうを切って横から見たところ。黄色い卵がたてに20〜30個入っている。

3 卵は1週間ほどでふ化し、15mmほどの幼虫が卵のうから出てくる。

4 幼虫は、おもにモノアラガイなどの小型の巻き貝を食べる。2回脱皮して6cmほどに成長する。

幼虫　巻き貝

5 成長した幼虫は土の中にもぐりこみ、丸い形の部屋を作り、その中でさなぎになる。

6 さなぎになって2週間ほどで羽化する。その後、土の中から出て、水中でくらしはじめる。

ガムシ図鑑

ガムシは、数mmから40mmまでいろいろな大きさのなかまがいます。身近な水辺でふつうに見られる種類もいます。

コガムシ
🖌17mm 🔍田んぼや池でもっともふつうに見られる。

ヒメガムシ
🖌11mm 🔍田んぼや水たまりなどで見られる。

マルガムシ
🖌7mm 🔍きれいな小川の石の下などで見られる。

まめちしき ガムシの幼虫のあごは右のほうが少し長く、右巻きの貝が食べやすくできています。

コウチュウ図鑑

コウチュウのなかまは、こん虫のなかでもっとも種類が多いグループ。美しい色やおもしろい形の種類がたくさんいるよ。

カブトムシもコガネムシのなかま

コガネムシのなかま

樹液や葉っぱ、花ふんを食べますが、ダイコクコガネなど、動物のフンをせんもんに食べる種類もいます。

セマダラコガネ

📏8〜14mm　🦋6〜8月　🔍緑地に広く

コアオハナムグリ

📏11〜14mm　🦋4〜11月　🔍緑地の花など

アオカナブン

📏22〜29mm　🦋6〜8月　🔍樹液など

ヒメコガネ

📏13〜17mm　🦋6〜8月　🔍緑地に広く

シロテンハナムグリ

📏20〜25mm　🦋5〜9月　🔍樹液など

ダイコクコガネ

オス

📏18〜34mm　🦋6〜10月　🔍牧場など

オサムシのなかま

おもに地上を歩き回ってこん虫などを食べる動物食。なかでもマイマイカブリはもっとも大型で、カタツムリをせんもんに食べる。

ミイデラゴミムシ

📏11〜18mm　🦋4〜10月　🔍田んぼやしっ地

ナミハンミョウ

📏18〜20mm　🦋4〜10月　🔍しめったガケや林道

マイマイカブリ

📏26〜65mm　🦋4〜10月　🔍雑木林など

 コウチュウのなかまは世界で39万種、日本では約1万種も知られています。日本のこん虫の3分の1がコウチュウのなかまです。

こうちゅうのなかま

コメツキムシのなかま

平べったい体をうらがえしにすると、「パッチン!」とはね上がります。

アカヒゲヒラタコメツキ

🖊14〜23mm　🦋4〜8月　🔍雑木林など

ヒゲコメツキ

オス

🖊21〜27mm　🦋6〜8月　🔍雑木林など

タマムシのなかま

幼虫はくち木を食べて成長します。

ヤマトタマムシ

🖊25〜40mm　🦋6〜8月　🔍エノキの葉の上など

ハムシのなかま

幼虫も成虫も葉っぱを食べる種類。ほとんどの種類は1cmよりも小さい。

アカガネサルハムシ

🖊5〜8mm　🦋5〜6月　🔍ヤマブドウなど

クロウリハムシ

🖊6〜7mm　🦋4〜10月　🔍カラスウリなど

セモンジンガサハムシ

🖊4〜6mm　🦋6〜10月　🔍サクラなど

ゾウムシのなかま

長い口がゾウににていることから「ゾウムシ」といわれます。

オオゾウムシ

🖊12〜29mm　🦋6〜9月　🔍雑木林の樹液など

オジロアシナガゾウムシ

🖊9〜10mm　🦋4〜8月　🔍クズなど

クヌギシギゾウムシ

🖊6〜10mm　🦋7〜10月　🔍雑木林のクヌギなど

まめちしき　オサムシのなかまのミイデラゴミムシは、高温のガスを出して敵から身を守ります。

こうちゅうのなかま

あげはちょう

アゲハチョウのなかまは、身近な場所でも出会える大きくて美しいチョウです。庭の木にも、幼虫が見つかることがあるので、育ててみましょう。

春型（オス）

幼虫（5齢）

とくちょう

ストローでチュウチュウ！

4月ごろから成虫がすがたをあらわし、ストローのような口で花のみつをすってくらすよ。

飛ぶ道がきまっている！

さっきもここでみた！

家のかべの近くなど、いつもきまったところを飛ぶことがあるよ。これを「蝶道」というよ。

幼虫は変身じょうず！

小さい幼虫は、鳥のフンのようなすがたをしていて、鳥などの敵に見つかりにくいよ。

かんさつしよう

はねのりんぷん

チョウのはねには、こなのような「りんぷん」がついている。りんぷんは水をはじくので、はねがぬれるのをふせぐよ。

肉角

おどろかすと角を出す！

アゲハチョウのなかまの幼虫をつつくと、においのある角（肉角）を出すよ。これは、敵におそわれたときに、相手をおどろかせるためと考えられているよ。

まめちしき ▶ チョウのなかまは、前あしの先で味を感じています。

ちょうのなかま

チョウのなかまは、卵、幼虫、さなぎ、成虫、と成長する間に、大きくすがたを変えます。このような成長のしかたを「完全変態」といいます。アゲハは春から秋までに、3〜4世代くり返して、さなぎで冬ごしします。

1 ミカン科の新芽に卵を産む。卵の大きさは 1mm ほど。

2 ふ化する幼虫。幼虫はミカン科の葉っぱを食べて成長する。

3 2齢から3齢へ脱皮中の幼虫。幼虫期間に4回脱皮をくり返す。

ちょうのなかま

4 5齢（終齢）幼虫になると、緑色になり、葉っぱを食べる量がいっきにふえる。

5 糸でからだを支えて「く」の字のすがたで動かなくなる。これを「前よう」という。

6 前ようから脱皮してさなぎになる。

くっつく場所によって色が変わる。

7 早朝からお昼までに羽化する。さなぎにわれ目が入り、成虫が出てくる。

8 あっという間にさなぎから脱出。まだはねはちぢんだ状態。

9 20分くらいではねがのびる。はねがかたくなって飛べるまでに、1時間くらいかかる。

まめちしき アゲハの5齢幼虫の体重は、生まれたばかりのときの 2000 倍もあります。

かいかた

成虫をかうのはむずかしいので、卵や幼虫をさがして、ふ化や変態のようすを見てみよう。

卵を見つけたら

卵は、やわらかい新芽や葉っぱに産みつけられます。枝ごと切り取って持ちかえろう。

小さい幼虫は

1齢幼虫や2齢幼虫は、なるべくやわらかい葉っぱをあたえ、葉っぱがしおれたらとりかえます。幼虫にはさわらず、葉っぱごとはさみで切りとり、新しい葉っぱの上に置きましょう。

ふたがある透明パック。空気穴をいくつかあける。

2齢幼虫

葉っぱが長持ちするように、切り口に水をふくませたティッシュをかぶせ、ビニールやアルミ箔をかぶせる。

5齢幼虫

30cmのケースで5齢幼虫が3匹かえる。

えさの葉っぱは、枝ごと水の入ったビンに入れる。しおれかけた葉っぱをとりかえるときは、幼虫にはさわらず、枝ごと切っていどうさせる。

フンをたくさんするので、底にティッシュをしいて、毎日とりかえる。

しっかりふたをしめる。

●ケースがたおれないように注意。たおれやすいケースは横にして使う。

幼虫が水に落ちないように、ビンの口にティッシュやスポンジをつめる。

えさ

幼虫はミカン科の葉っぱをたくさん食べる。葉っぱは枝ごと切ってビニール袋に入れ、冷蔵庫に保管すると長持ちする。お店で売られている鉢植えは、農薬がかかっていることがあるので注意。

ミカン
ウンシュウミカンやナツミカン、ユズなどの葉っぱ。

サンショウ
庭によく植えられている。野山にはえているカラスザンショウもえさになる。

かんさつしよう

羽化のしゅん間

さなぎは、夏は 10 日ほどで羽化するよ。羽化は早朝からお昼までにおこなわれることが多いので、見のがさないようにかんさつしてみよう。

はねのもよう

羽化 6 時間前

さなぎに、はねのもようがうっすらと見えてきたら、つぎの日に羽化する。

たいせつがのびる

羽化がはじまる 1 時間前のさなぎの状態。

さなぎにわれ目が入ったら、あっという間に成虫が出てくる。

さなぎの糸が切れてしまったら

前ようの場合

紙をロート状に巻き、そこに前ようを立たせる。

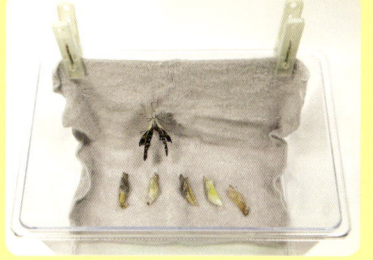

さなぎの場合

羽化した成虫がのぼって、はねをのばせる場所があればだいじょうぶ。布などをケースのかべにはっておこう。

成虫になったら

成虫をかうのはとてもむずかしいので、しばらくかんさつしたら、つかまえたところににがしてあげよう。

バイバイ

げんきでねー

幼虫をさがしてみよう！

この写真の木に幼虫が4匹ついているよ。さがしてみよう。

アゲハチョウ図鑑

アゲハチョウのなかまは、身近な場所でも数種類が見られます。やや山間の自然が豊かなところでは、さらに多くの種類を見ることができます。

キアゲハ

成虫 🌸春型40〜50mm・夏型50〜65mm 🦋3〜10月
幼虫 📏30mm
🌿ニンジン・パセリなど

平地から山地まで見られる代表的なアゲハチョウ。ナミアゲハににているが、はねの付け根のもようで区別できる。

クロアゲハ

メス

成虫 📏春型50〜60mm・夏型60〜70mm 🦋4〜10月
幼虫 📏40mm
🌿ミカン類やサンショウ

平地や低山地の、木が多く、うす暗いところで見られる。幼虫は大型でこい緑色。

カラスアゲハ

成虫 📏春型45〜55mm・夏型55〜65mm 🦋4〜9月
幼虫 📏30mm 🌿カラスザンショウ・コクサギなど

平地から低山地まで見られ、木が多いところをこのむ。

ミヤマカラスアゲハ

成虫 📏春型45〜55mm・夏型60〜70mm 🦋4〜10月
幼虫 📏30mm 🌿カラスザンショウ・キハダなど

低山地から山地で見られる。幼虫はカラスアゲハとよくにるが、おしりに小さな突起がある。

突起

モンキアゲハ

成虫 📏春型50〜60mm・夏型65〜80mm 🦋5〜9月
幼虫 📏45mm 🌿カラスザンショウ・ユズなど

あたたかい地域に多い。日本のアゲハチョウでもっとも大きい。幼虫はやや明るい緑色。

まめちしき アゲハチョウのなかまの一部は、春に羽化した成虫は小型で明るい体色になります。これを春型といいます。

オナガアゲハ

オス

成虫 📏 春型50〜60mm・夏型60〜70mm 🦋 5〜9月
幼虫 📏 30mm

🍃 カラスザンショウ・コクサギなど

低山地から山地で見られる。クロアゲハににているが、はねが細い。幼虫は若草色。

ナガサキアゲハ

メス

成虫 📏 60〜70mm
🦋 4〜10月
幼虫 📏 40mm

🍃 ミカン・ユズなどミカン類

1940年までは九州までの分布だったが、関東でも見られるようになった。幼虫は背中の帯が白っぽい。

アオスジアゲハ

成虫 📏 45〜55mm
🦋 5〜9月
幼虫 📏 30mm

🍃 クスノキ・シロダモなど

市街地や都心でも見られる代表的なアゲハチョウ。あたたかい地域を好むが、東北地方まで分布を広げている。

ジャコウアゲハ

メス

成虫 📏 50〜60mm
🦋 4〜9月
幼虫 📏 30mm

🍃 ウマノスズクサ

川原や土手など、平地の明るい草原にすむ。体から変わったにおいを出す。

ウスバシロチョウ（ウスバアゲハ）

成虫 📏 30〜35mm
🦋 4〜6月
幼虫 📏 25mm 🍃 ムラサキケマン・キケマンなど

初夏、平地から低山地の、草原と林が入りまじるところで見られる。卵で冬をこし、春先にふ化して、4月にさなぎになる。

ギフチョウ

成虫 📏 30〜35mm
🦋 3〜5月
幼虫 📏 30mm 🍃 カンアオイ類

成虫は春だけにあらわれ、平地から低山地の林などで見られる。幼虫は初夏にはさなぎになり、つぎの年の春まですごす。

ちょうのなかま

もんしろちょう

春のおとずれを教えてくれるモンシロチョウ。幼虫がキャベツを食べるので、畑ではきらわれることもありますが、こん虫の一生をかんさつする大事な存在として、教科書にも出てきます。

モンシロチョウ
成虫 25〜30mm
3〜11月

幼虫 35mm
キャベツ・イヌガラシなど

くらし

関東では3月に飛びはじめ、幼虫はキャベツやナノハナなど、畑に植えられるアブラナ科の植物をこのんで食べます。11月までに5〜6世代くり返します。さなぎで冬をこしますが、幼虫も寒さに強く、キャベツの株の中で、春まですごすこともあります。

1 メスはキャベツの葉っぱのうらに卵を200個ほど産む。卵の大きさは1mmほど。

2 卵は1週間ほどでふ化し、生まれた幼虫は卵のからを食べる。

3 キャベツを食べる5齢（終齢）幼虫。春の気温だと、幼虫は1か月かけて4回脱皮をくり返す。

4 大きくなった幼虫はキャベツの葉っぱのうらでさなぎになり、2週間ほどで羽化する。

秋に成長した幼虫は、家のかべなどでさなぎになり、冬ごしする。

5 冬をこしたさなぎは、3〜4月に羽化する。

まめちしき モンシロチョウは、古い時代に中国から日本に渡ってきた帰化生物と考えられています。

ちょうのなかま

かいかた

モンシロチョウの幼虫は、農薬を使っていない家庭菜園でもよく見つかります。かいかたはアゲハの幼虫と同じ（40ページ）です。

えさ

キャベツ、小松菜、白菜などのアブラナ科の植物。

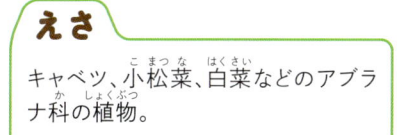

キャベツ

小松菜

スーパーで買った野菜は農薬がついていることがあるので注意。

● ケースがたおれないように注意。たおれやすいケースは横にして使う。

30cmのケースで、5齢幼虫を5匹かえる。

水の入ったビンにキャベツをさす。葉っぱがしおれかけたらとりかえる。

ビンの中に幼虫が落ちないように、ティッシュやスポンジをつめる。

フンをたくさんするので、底にティッシュをしいて、毎日とりかえる。

しっかりふたをしめる。

シロチョウ図鑑

公園など身近な場所で、春から秋までよく見られるシロチョウのなかまたち。

スジグロシロチョウ

成虫 🖍25〜35mm 🦋4〜10月
幼虫 🖍20mm 🌿イヌガラシなどアブラナ科植物

モンキチョウ オス

成虫 🖍25〜30mm 🦋3〜11月
幼虫 🖍25mm 🌿シロツメクサなどマメ科植物

キタキチョウ

成虫 🖍25〜30mm 🦋3〜11月
幼虫 🖍22mm 🌿ハギなどマメ科植物

まめちしき メスのはねは紫外線を反射しますが、オスのはねは反射しません。モンシロチョウには紫外線が見えていて、オスメスの区別がつきます。

おおむらさき

オオムラサキは、とても大きくて美しいチョウです。雑木林にすみ、おいしい樹液をさがして、木々の間を力強く飛びまわるよ。

オス

オオムラサキ
成虫 44〜55mm
6〜8月

幼虫 60mm
エノキ・エゾエノキ

ちょうのなかま

とくちょう

樹液が大すき！

カブトムシなどといっしょに樹液をすうオオムラサキ。モンシロチョウなどのチョウとちがって、花のみつはすわないよ。

鳥をおいかける!?

交尾あいてをさがしているオオムラサキのオスは、近くを飛ぶ鳥をメスだと思って、おいかけまわすことがあるんだよ。ほかにも、トンボなどもおいかけることもあるんだって。

幼虫は気が強い

オオムラサキ（右）の幼虫と、ゴマダラチョウの幼虫どうしが、角でたたかうことがあるよ。

まめちしき オオムラサキは1957年に日本の国のチョウ（国蝶）に指定されました。

くらし

自然が残る雑木林にくらし、7月から成虫があらわれて樹液に集まります。卵からふ化した幼虫は秋までにゆっくり成長して、4齢幼虫で冬をこします。6齢（終齢）幼虫まで育つと葉っぱのうらでさなぎになり、夏の訪れとともに羽化します。

ちょうのなかま

1. メスはエノキの葉っぱや枝に、まとめて100個ほど卵を産む。

1齢幼虫

2. 卵の大きさは1.2mm。1週間ほどでふ化する。

3. りっぱな角をもつ3齢幼虫。幼虫はエノキの葉っぱを食べ、脱皮をくり返して大きくなる。

4. 10月、15mmほどの4齢幼虫となり、じっとして葉っぱをあまり食べなくなる。

5. 11月、体の色が茶色に変わり、木の根元におりて、葉っぱのうらにくっついて冬をこす。

6. つぎの年の5月になると5齢幼虫に脱皮する。体の色は緑色にもどる。

7. 脱皮して6齢幼虫になり、たくさん葉っぱを食べて、5〜6cmになる。

8. 葉っぱのうらでさなぎになる。アリなどがさなぎにのると体をブルブルッとゆらす。

9. 3週間ほどたった朝に、羽化して成虫になる。

タテハチョウ図鑑

樹液をすう種類が多く、野原や雑木林などの身近なところにくらしています。力強くはばたき、飛ぶのがとくいで、とまっているときに、4本あしに見えます。

ゴマダラチョウ

成虫 🔶 35〜42mm 🦋 5〜8月
幼虫 🔶 35mm 🍃 エノキ・エゾエノキ
木が多い公園や雑木林にくらす。

アカボシゴマダラ

成虫 🔶 32〜45mm 🦋 5〜9月
幼虫 🔶 38mm 🍃 エノキ・エゾエノキ
中国原産。関東の公園や雑木林でよく見る。

コムラサキ

成虫 🔶 30〜40mm 🦋 6月・7〜8月
幼虫 🔶 30mm 🍃 バッコヤナギ・シダレヤナギ
などが多い公園や川原に多く、樹液に集まる。

ルリタテハ

成虫 🔶 30〜40mm 🦋 5〜10月
幼虫 🔶 30mm 🍃 サルトリイバラ・ホトトギス
など雑木林に多く、樹液に集まる。

キタテハ

成虫 🔶 25〜30mm 🦋 4〜11月
幼虫 🔶 25mm 🍃 カナムグラ
草原に多く見られる。

アカタテハ

成虫 🔶 28〜33mm 🦋 5〜11月
幼虫 🔶 30mm 🍃 カラムシ・ヤブマオなど
林のふちから草原で見られる。

ヒメアカタテハ

成虫 🔶 24〜28mm 🦋 5〜11月
幼虫 🔶 25mm 🍃 ヨモギ・ハハコグサなど
空き地や公園などの草原をこのむ。

ヒオドシチョウ

成虫 🔶 32〜36mm 🦋 4〜6月
幼虫 🔶 35mm 🍃 エノキ・ケヤキ・ヤナギ
雑木林から低山地で見られる。

ちょうのなかま

まめちしき タテハチョウのなかまには、うれた果実や動物のうんちに集まるものもいます。

スミナガシ

成虫 30〜45mm 🦋5〜8月
幼虫 35mm 🍃アワブキ
雑木林に多く、樹液に集まる。

ツマグロヒョウモン

メス
オス

成虫 32〜40mm 🦋5〜10月
幼虫 30mm 🍃スミレ・パンジー
関東以西で見られ、市街地にも多い。

ミドリヒョウモン

成虫 32〜40mm 🦋6〜10月
幼虫 30mm 🍃タチツボスミレなど
雑木林から山地にかけて見られる。

サトキマダラヒカゲ

成虫 30〜38mm 🦋5〜9月
幼虫 30mm 🍃アズマネザサなど
雑木林に多く、樹液に集まる。

ヒメウラナミジャノメ

成虫 16〜20mm 🦋4〜9月
幼虫 20mm 🍃チヂミザサ・ススキなど
草原や林のまわりで多く見られる。

イチモンジチョウ

成虫 25〜33mm 🦋5〜9月
幼虫 25mm 🍃スイカズラ・ウグイスカグラ
雑木林のまわりで見られる。

コミスジ

成虫 20〜28mm 🦋4〜9月
幼虫 30mm 🍃クズ・フジ・ヤマハギなど
雑木林のまわりや市街地でも見られる。

テングチョウ

成虫 21〜25mm 🦋4〜10月
幼虫 20mm 🍃エノキ・エゾエノキ
雑木林でよく見られる。

アサギマダラ

成虫 55〜60mm 🦋5〜10月
幼虫 30mm 🍃キジョラン・カモメヅル・イケマ
夏の山地で多く見られる。

まめちしき ジャノメチョウのなかまは、はねに目玉もようがあります。鳥などの敵から、身を守るためのものだと考えられています。

しじみちょう

シジミチョウは、小さなかわいらしいチョウ。草原や雑木林など、種類によっていろいろな場所で、すみ分けてくらしているよ。

ヤマトシジミ
🪵 12〜15mm
🦋 4〜11月

ベニシジミ
🪵 15〜18mm
🦋 3〜10月

ちょうのなかま

とくちょう

どうしてシジミチョウというの？

わたしたち…似てるかな？

チョウのなかでは貝のシジミのように小さい種類が多いので、シジミチョウというよ。

うらと表で、もようがちがう！

うら

表

はねの表がきれいな、オオミドリシジミのオス。

くらし

ベニシジミ 身近な草地で見られるシジミチョウです。幼虫はギシギシやスイバの葉っぱを食べます。

1
卵
幼虫はギシギシやスイバの葉のうらで冬をこします。

2
十分に成長した幼虫は、地面近くの葉っぱのうらにもぐり、さなぎになる。

3
成虫は春から秋まで見られる。1年に数回発生する。

まめちしき シジミチョウのなかまの卵は、彫刻をほどこした工芸品のようなかたちをしています。

ヤマトシジミ

空き地や庭などにはえる、カタバミを食べるシジミチョウです。低く飛び回ります。

① 卵

②

③

カタバミの根っこの近くで、幼虫のすがたで冬をこす。

十分に成長した幼虫は、カタバミの根元や葉っぱのうらでさなぎになる。

成虫は春から秋の長い期間発生し、年に数回世代をくり返す。

ウラギンシジミ

大型のシジミチョウで、変わった形の幼虫がクズの花で見つかります。

① 卵

②

③

幼虫は、初夏はフジやニセアカシア、夏はクズの花を食べて育つ。

幼虫は成長すると、葉っぱの表でさなぎになる。

成虫は年に2回発生し、熟したカキなどに集まる。成虫のすがたで冬をこす。

シジミチョウ図鑑

ルリシジミ

成虫 🖊14〜17mm 🦋5〜9月
幼虫 🖊10mm 🌿ハギなどマメの花
町中や人里で見つかる。

ムラサキシジミ

成虫 🖊18〜21mm 🦋4〜10月
幼虫 🖊10mm 🌿アラカシなど
くらい林で見つかる。

ウラナミアカシジミ

成虫 🖊18〜21mm 🦋4〜10月
幼虫 🖊13mm 🌿クヌギなど
雑木林で見つかる。

ミズイロオナガシジミ

成虫 🖊16〜19mm 🦋6〜8月
幼虫 🖊10mm 🌿コナラなど
雑木林で見つかる。

ゴイシシジミ

成虫 🖊12〜14mm 🦋5〜10月
幼虫 🖊8mm 🌿アブラムシなど
幼虫は動物食。

まめちしき シジミチョウのなかまには、幼虫のときにアリから食べ物をもらったり、アリの巣の中でくらしたりする種類がいます。

ちょうのなかま

やままゆが

ヤママユガは、雑木林を代表する大きなガです。はねを広げると10cmにもなります。マユからきれいな色の絹糸がとれるので、人にかわれることもあります。

オス

ヤママユガ
成虫 65〜85mm 4〜10月
幼虫 60〜70mm クヌギ・コナラ

くらし 春にふ化した幼虫は、夏がはじまるころにマユを作ってさなぎになります。

1

卵

卵で冬をこし、新緑のころにふ化する。

2

夏、幼虫はきれいな黄緑色のマユを作る。

3

メス

8月から9月にかけて羽化する。じゅ命は1週間くらい。その間にメスは卵を産む。

ヤママユガ図鑑 広葉樹の林では、ヤママユガのなかまがいくつか見られます。成虫は口が退化して、なにも食べません。

マユ

ウスタビガ
成虫 45〜60mm
10〜11月
幼虫 55mm
クヌギ・コナラなど
秋が深まったころに羽化する。マユの形に特徴がある。

オオミズアオ
成虫 50〜75mm
4〜5月・7〜8月
幼虫 60〜70mm
クリ・ミズキ・シデ類など
町中の木が多い公園から山地で見られる。年に2回発生し、さなぎで冬をこす。

ちょうのなかま

かいこ

カイコは、絹糸をとるために人が改良して作りだしたこん虫です。かわれはじめたのは4000年以上前といわれています。最近では、カイコから薬を作る研究も進められています。

カイコガ

成虫 🗡17〜20mm 🦋5〜10月
幼虫 🗡60〜70mm 🍃クワ

メス

幼虫

くらし

カイコは、人によってかいやすく改良されたこん虫なので、自然のなかではくらせません。幼虫が食べるのはクワの木の葉っぱだけです。幼虫は糸をたくさん出してマユを作り、その中でさなぎになります。

卵

葉っぱをもりもり食べる5齢幼虫。約1週間食べ続ける。

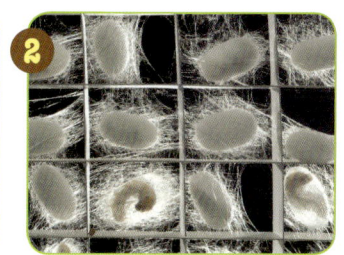

成長すると、口から糸を出して、白いマユを作る。

マユの中でさなぎになる。

さなぎは12日前後で羽化する。成虫は飛ぶことができない。

おもしろ情報

糸になる

白くて美しいカイコのマユ。このマユから絹糸をとり、服などが作られる。

カイコのご先祖さま

カイコの先祖と考えられているのがクワコです。クワの木があれば、身近なところにもすんでいます。成虫は、カイコとはちがって飛ぶことができます。

クワコ 🗡17〜22mm 🦋6〜9月

まめちしき 1つのカイコのマユからは、約1500mの糸がとれます。

せせりちょう

セセリチョウのなかまは、花から花へとせわしなく飛びまわるチョウ。体が茶色っぽいものや黒っぽい種類が多いので、よくガとまちがわれます。

アオバセセリ
成虫 🖌24〜26mm
🦋4〜8月

幼虫 🖌35mm
🌿アワブキ・ミヤマハハソなど

くらし　アオバセセリ

5月ごろから成虫があらわれ、幼虫は葉巻のようなすみかを作ります。

1
*すみかの中を見たところ
卵
幼虫は、葉っぱを食べないときはすみかの中で休む。

2
冬の落ち葉の中で、さなぎのすがたですごす。

3
成虫は5月と8月にあらわれ、花から花へ飛びまわる。

かんさつしよう

ピョンピョンとスキップをするように飛ぶよ。

セセリチョウ図鑑

イチモンジセセリは身近に多い種類ですが、よくにた種類がたくさんいます。
幼虫は、ススキやササなどイネ科の植物を食べるものが多く、どれもすみかを作ります。

イチモンジセセリ
成虫 🖌15〜17mm　🦋5〜10月
幼虫 🖌28mm　🌿イネ・ススキなど
全国的に見られる。秋になるとよく目にする。

ダイミョウセセリ
成虫 🖌16〜19mm　🦋5〜9月
幼虫 🖌25mm　🌿ヤマノイモなど
雑木林のまわりの明るい場所でよく目にする。

ギンイチモンジセセリ
成虫 🖌14〜16mm　🦋4〜5月・7〜8月
幼虫 🖌25mm　🌿ススキ・チガヤなど
川原など広い草原で見られる。

　まめちしき　セセリチョウの幼虫は、うんちを大砲のように遠くへ飛ばします。

すずめが

スズメガのなかまは、鳥のスズメくらい大きく感じるので、スズメガとよばれています。体の大きさにくらべてはねが小さく、飛行機のような形をしています。幼虫はとても大きなイモムシです。

オオスカシバ
成虫 ✐ 25〜30mm
🦋 6〜9月

角の
あるほうが
おしり

幼虫 ✐ 55mm

🍃 クチナシ

くらし

オオスカシバ
昼間に活動するガで、はねをすばやくはばたかせて花をおとずれます。

1 卵

クチナシの葉っぱを食べる終齢幼虫。

2

成長すると地面におりて、土の中でさなぎになる。

かんさっしよう

空中でとまりながら、花のみつをすうことができるよ。

スズメガ図鑑

スズメガのなかまは夜行性が多く、外灯などに集まります。幼虫は、畑の作物を食べる種類が多いので、人家のまわりでもよく目につき、大きなイモムシがあらわれておどろくことがあります。

セスジスズメ
成虫 ✐ 30〜35mm 🦋 6〜9月
幼虫 ✐ 55mm 🍃 サトイモ・ホウセンカ・ヤブガラシなど 身近な場所でよく目にする。

ベニスズメ
成虫 ✐ 28〜32mm 🦋 5〜9月
幼虫 ✐ 55mm 🍃 オオマツヨイグサ・ホウセンカ・ミソハギなど 夜に樹液などに集まる。

クロメンガタスズメ
成虫 ✐ 45〜55mm 🦋 6〜10月
幼虫 ✐ 75mm 🍃 クサギ・トマトなど 背中にドクロのようなもようがある。

まめちしき 羽化したばかりのオオスカシバのはねには「りん粉（ぷん）」がついていますが、すぐにふるい落としてしまいます。

みのむし ［みのが］

冬の枝先で見かける「ミノムシ」とは、ミノガのなかまの幼虫が作ったケースです。昔の人の雨がっぱの「ミノ」ににていることから、ミノムシとよばれます。

幼虫

オス

オオミノガ
🪮 オス17〜18mm
🦋6〜7月 🔍人里

くらし オオミノガ

オオミノガは、もっとも大型で代表的なミノガのなかまです。幼虫で冬をこし、オスは初夏に羽化して成虫になります。

1 ケースの中の幼虫。
冬の枝先で見られるケース。幼虫はケースの中で冬をこす。

2
5月、幼虫は下を向いてさなぎになる。

3
成虫（メス）
メスの成虫は、イモムシのようなすがた。
6月に羽化する。オスはガのすがたで、メスが入ったケースをさがして飛び立つ。

4
さなぎのから
卵
メスの死がい

メスはさなぎのからにとどまり、オスをまって交尾する。その後、さなぎのからに数千個の卵を産みのこして、一生を終える。

5
2週間後にふ化した幼虫が、糸でぶらさがりながら出てくる。

6
幼虫は風に飛ばされてちらばり、木にたどりつくとケースを作る。移動しながら葉などを食べ、冬をむかえる。

ちょうのなかま

ミノムシ図鑑

ミノガのなかまは種類によって、ケースの形がちがいます。木の枝やみき、家のかべなどをさがしてみましょう。

📏…ケースの大きさ

チャミノガ

空のケース

幼虫が入ったケース

📏25〜35mm
冬は、1cmほどの小さいケースに、幼虫が入っている。

キタクロミノガ

📏20〜28mm
家のかべなどについている。初夏に大きく育ち、羽化する。

ニトベミノガ

📏30〜40mm
冬は、枝先につく4mmほどの小さいケースに、幼虫が入っている。

ネグロミノガ

📏23〜30mm
秋に羽化する。枝の先につくが、多くないので見つけにくい。

かんさつしよう

はこに、切った毛糸とミノガの幼虫を入れると、毛糸でできたケースを作るよ。ケースを作ったら木にもどしてあげよう。

ジャーン！

ケースを作るなかま図鑑

ほかにも幼虫のときにケースを作ってくらすガのなかまがいます。

マダラマルハヒロズコガ

📏13mm
ひょうたん型の平べったいケース。木のみきなどで見つかる。

ピストルミノガ

📏6mm
ピストルのような形。いろいろな植物の葉っぱの上で見つかる。

ツマグロフトノメイガ

📏20mm
自分のフンで作ったケース。クヌギやコナラの葉のうらで見つかる。

ヒゲナガガのなかま

📏15mm
かれ葉を重ねてケースを作る。地面やみきで見つかる。

まめちしき じょうぶなオオミノガのケースは、さいふなどの工芸品に利用されます。

おもしろイモムシ図鑑

チョウやガの幼虫をイモムシといいます。イモムシたちは、鳥などの敵に食べられないように、じょうずにかくれんぼをしています。生きるためのいろいろなくふうを見てみよう。

枝や葉にそっくり！

イモムシは、食べる植物がそれぞれ決まっているものが多く、植物の形をまねしてかくれています。

キエダシャク
5月ごろ、ノイバラなどの枝に見られる。体のトゲが、ノイバラのくきにそっくり。

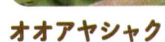

オオアヤシャク
ホオノキやコブシの枝で見られる。頭の先がとがっていて、新芽にそっくり。

ウスイロオオエダシャク
秋、ニシキギなどの枝で見られる。先がおれた、かれ枝にそっくり。

ケンモンキリガ
ヒノキやサワラなど針葉樹の枝で見られる。葉っぱのもようにそっくり。

ちょうのなかま

変身しながら かくれる！

カギシロスジアオシャクの幼虫は、冬の間、冬芽にそっくりなすがたでかくれています。春になると脱皮して、こんどは若葉によくにたすがたに変身します。

冬

カギシロスジアオシャク

背中のでっぱりを立てて丸まり、クヌギやコナラの冬芽に化けて冬をすごす。

春

春、体が緑色になり、背中のでっぱりがふえて若葉そっくりになる。

本物の鳥のフン

スカシカギバ

つやがあって、みずみずしいフンに見える。

オカモトトゲエダシャク

背中をまるめて、フンになりきる。

鳥のフンにそっくり！

鳥たちは、葉っぱの上によくフンを落とします。フンのまねをしてかくれているイモムシがいます。

ヘビにそっくり！

鳥がもっともこわがるのはヘビです。ヘビの顔をまねて鳥をおどかすイモムシがいます。

にせものの目。

ビロードスズメ

にせものの目がヘビそっくり。マムシグサなどで見られる。

オオゴマダラエダシャク

敵をおどかすときにむねがふくらむ。カキノキで見られる。

とのさまばった

草がはえた川原や空き地を歩くと、足もとからバッタが飛び出しておどろかされます。バッタが着地した場所にそっと近づき、ねらいをつけて、さっと虫あみをかぶせてつかまえよう。

メス

トノサマバッタ
✏ オス35〜45mm・メス45〜65mm
🦗 7〜11月　🔍 川原や草地
体の色は緑色のほかに茶色いものもいる。

オス

とくちょう

ジャンプがとくい！

太くて長い後ろあしでジャンプする。ジャンプしたあと、はねを使って50mちかく飛び続けられるよ。

草をバリバリ！

ススキなどのかたい草でも、バリバリと食べるよ。食べるときは前あしで葉っぱをつかんじゃう。

かくれんぼ じょうず！

草の色ににているから、草のはえた地面にいると見つけにくいよ。

ばったのなかま

まめちしき トノサマバッタは、まれに大発生をします。日本では、1986年に種子島の北西にある馬毛島で大発生しました。

くらし

トノサマバッタは、6月から成虫があらわれ、9月にもっとも数が多くなります。川原など地面が見えるような草地にすみ、昼間に活動します。平地では、秋までに2世代くり返します。

交尾。オス（上）のほうが、メスより体が小さい。

1匹のメスが2〜4回、泡につつまれた卵のかたまりを地中に産む。卵は40〜60個。

ふ化した幼虫。はねはない。

5回脱皮した6齢（終齢）幼虫。小さいはねがある。

草にのぼり、頭を下にして羽化する。成虫のじゅ命は1週間ほど。

かんさつしよう

トノサマバッタは、後ろあしの内側の出っぱりと、はねの表面にあるギザギザした部分をこすり合わせて「シャカシャカシャカ」と鳴くよ。

トノサマバッタも鳴くよ！

シャカシャカシャカ

耳もあるよ！

はねをめくると、後ろあしのつけねの上にある穴が耳。

後ろあしの内側の出っぱり。

はねの表面のギザギザ。

しょうりょうばった

夏の終わりごろにあらわれる、体の大きなバッタが
ショウリョウバッタ。よく見ると、とんがり頭の先から
触角が2本出ていて、おもしろい顔をしているよ。

ショウリョウバッタ
- メス75〜80mm
- オス40〜50mm
- 8〜10月
- 明るい草地

メス

とくちょう

ジャンプしてから飛ぶ！

ジャンプだけじゃなくて、飛ぶのもとくい！

おもしろいとんがり顔！

ひょうきんな顔をしているよ。正面から見てみよう！

くらし

1 メスは秋に50〜70個の卵のかたまりを土の中に産む。卵のまま冬をこす。

2 6月にいっせいにふ化し、地上に出てすぐに脱皮して1齢幼虫になる。

幼虫のときから、成虫と同じすがたをしているんだね。

幼虫はススキなどの葉っぱを食べて成長する。5回脱皮をくり返し、8月中旬に最後の脱皮（羽化）をする。

ばったのなかま

かいかた

バッタは葉っぱを食べて生活するので、えさの葉っぱが用意できれば、とてもかいやすいこん虫です。卵を産ませて、幼虫から育ててみよう。

えさ

ススキなどのイネ科の葉っぱ、リンゴ、ハムスターのえさ。産卵が近いとメスはにぼしも食べる。

エノコログサ　　オヒシバ

ハムスターのえさ　　リンゴ

40cmのケースで、5匹くらい。

●オスとメスを入れておくと卵を産む。卵を産んだら、土がかわかないように注意する。トノサマバッタが7〜8月に産んだ卵は、2〜3週間でふ化する。

えさのススキなどがかれないように、水を入れたビンに入れる。

産卵場所。タッパーにしめらせた土を深さ5cmほど入れる。

かんさつしよう

自然の中で育つトノサマバッタの幼虫期間は6齢ですが、ふ化した幼虫をたくさんでしいくすると、幼虫期間は5齢までになります。

1齢幼虫　▶　2齢幼虫　▶　3齢幼虫　▶　4齢幼虫　▶　5齢幼虫　▶　成虫

バッタは、さなぎにならずに成虫になります。このような成長のしかたを「不完全変態」といいます。

63

バッタ図鑑

バッタのなかまは、川原や草がはえた空き地に多くすんでいます。ピンとした触角と長い後ろあしがとくちょうで、どのバッタもジャンプがとくい！

ばったのなかま

クルマバッタ

- オス35〜45mm
- メス55〜65mm
- 7〜11月
- 草原

トノサマバッタににているが、背中がもり上がっている。緑色と茶色いものがいる。

飛ぶ力が強く、飛ぶと後ろばねの黒い線が目立つ。

オス

メス

クルマバッタモドキ

- オス32〜45mm
- メス55〜65mm
- 7〜11月
- 荒れ地

クルマバッタににているが、やや小型。まれに緑色のものもいる。

オス

メス

ツチイナゴ

- オス50〜55mm
- メス50〜70mm
- 10〜6月
- 草原

秋に成虫になり、そのまま冬ごしする。イネ科の草のほかにクズやオオバコなどもよく食べる。

メス

ヒナバッタ

- オス19〜23mm
- メス25〜30mm
- 7〜12月　　草原

身近に見られる小型のバッタ。体は茶色で、いろいろなもようがある。年に2回発生する。

メス

コバネイナゴ

- オス16〜33mm
- メス18〜40mm
- 8〜11月　　田んぼなど

しめった草地に多い。

メス

　まめちしき　コバネイナゴは、昔から佃煮（つくだに）として食べられています。

オンブバッタ

🟡 オス22〜25mm

メス40〜42mm

🦋 8〜12月 🔍草地

メスの上にオスがのっていることが多い。いろいろな草を食べる。

ナキイナゴ

🟡 オス19〜22mm

メス25〜30mm

🦋 6〜9月 🔍草地

初夏の草地でオスが「シリシリシリ」とよく鳴く。

オス

メス

イボバッタ

🟡 オス24mm

メス35mm

🦋 7〜11月

🔍荒れ地

庭や公園などの、かわいた地面が多いところにすむ。

メス

メス

カワラバッタ

🟡 オス25〜35mm

メス40〜43mm

🦋 8〜9月 🔍川原

石がごろごろした川原にすむ。飛ぶと水色の後ろばねが目立つ。

ショウリョウバッタモドキ

🟡 オス27〜35mm

メス45〜57mm

🦋 8〜11月

🔍しめった草地

川原のチガヤがたくさんはえた草地にすむ。

メス

オス

ハネナガイナゴ

🟡 オス17〜34mm

メス21〜40mm

🦋 8〜11月

🔍田んぼなど

コバネイナゴににているが、はねが長い。

ハラヒシバッタ

🟡 オス9mm

メス12mm

🦋 3〜11月

🔍町中など

庭や公園などのしめった地面に多い。コケなどをよく食べる。

ノミバッタ

🟡 4〜5mm

🦋 3〜11月

🔍農道など

しめった地面に多い。土をほってドーム形のすみかを作る。

🟠 **まめちしき** バッタのなかまは、メスよりもオスのほうが体が小さい。

けら

穴ほりがとくいなケラは、コオロギに近いこん虫。田んぼのまわりなどの、よくしめった土の中でくらします。初夏、土の中から「ビー」と鳴り続く低い音が聞こえたら、きっとそれはケラの鳴き声。

ケラ
オス

🖌 30〜35ミリ　🦗 6〜8月
🔍 田んぼのあぜなど

とくちょう

穴ほりがとくい！

幼虫も成虫も、モグラのように土の中にトンネルをほるのがとくいだよ。草の根っこやミミズなどを食べてくらす。

前あしがモグラにそっくり！

モグラとそっくりな前あしで土をほる。

穴ほりだけじゃない！

ケラは穴をほることのほかにも、飛ぶ、泳ぐ、鳴くなど、いろいろなことができるよ。

泳ぐ

飛ぶ

鳴く

ビ〜〜！

まめちしき ケラのことを英語で「モールクリケット」といいます。モグラのコオロギという意味です。

かいかた

ケラは土の中でくらしますが、かうときは園芸用に売られている水ごけを使うとよいでしょう。

えさ

雑食性なので、リンゴやジャガイモ、らっかせいのほかに、ミミズやミールワームを弱らせてからあたえる。

リンゴ

ジャガイモ

らっかせい

ミミズ

水ごけを十分にしめらせて、10cmくらいの深さに入れる。かわいてきたら、きりふきで水をかけてしめらせる。

40cmのケースで、成虫が3匹くらいかえる。

ケラのほったトンネルにえさを置く。食べのこしは毎日とりのぞく。

ばったのなかま

かんさつしよう

バンザイ させてみよう

バンザ〜イ！

ケラをつかむと、バンザイのポーズをします。かけごとをして、お金がなくなることを「おけらになる」といいますが、ケラのこのすがたが「もうお手上げ！」に見えるからという説があります。

卵を産んだら

メスは、水ごけをかためた中に卵を産みます。卵を見つけたら、タッパーなどにうつしましょう。2週間ほどでケラの幼虫がふ化します。

まめちしき　ケラの体には細かい金色の毛がはえています。この毛で土や水、よごれをはじきます。

えんまこおろぎ

もっとも体が大きく、美しい声で鳴くのがエンマコオロギです。住宅地の緑が多い公園にもすんでいます。鳴いているようすを近くでかんさつしてみましょう。

オス

メス

エンマコオロギ
🖌 25～30mm
🦋 8～10月
🔍 町中などの草地

とくちょう

顔がこわい!?

地獄のえんま大王のようなこわい顔から「エンマコオロギ」と名づけられたよ。

🔍 かんさつしよう

① どこから声を出す？

右ばねのうらには、ツメのようなでっぱりと、左ばねの表にあるヤスリのような部分をこすって音を出します。そして、はね全体で音を大きくひびかせます。

コロコロロリー

左ばね

右ばね

左右のはねをこするように小きざみに動かして鳴く。

② 鳴き方で気持ちがわかる？

鳴く虫にとって鳴き声はことばのようなもの。エンマコオロギはとくに鳴き声の変化がわかりやすいので、鳴き声と行動のちがいをしらべてみよう。

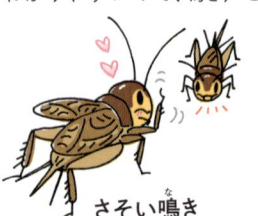
さそい鳴き

けんか鳴き

ひとり鳴き

③ 耳はどこ？

耳

耳は左右の前あしについている。

まめちしき さそい鳴きは「コロコロロリー」、けんか鳴きは「キリキリキリ」、縄張りを主張するときは「コロコロロコロ」とひとり鳴きします。

くらし

初夏に生まれたエンマコオロギの幼虫は夏の間に成長し、すずしくなった秋に成虫となって鳴きはじめます。

8月のお盆がすぎたころから、オスは「コロコロリー」と鳴きはじめる。

メスは、オスの鳴き声を聞いて近づいていき、オスの上にのって交尾をする。

産卵管
メスは秋の間に、土の中に産卵管をさして卵を産む。

卵のすがたで冬をこす。

つぎの年の6月ごろ、3mmほどの小さな幼虫が生まれる。

幼虫は草の実などを食べて成長する。

死んだこん虫なども食べる。夏の間、幼虫は8回ほど脱皮をくり返して成長する。

8月中旬ごろ、最後の脱皮（羽化）をして成虫になる。

まめちしき エンマコオロギは、羽化してしばらくすると活発に飛び回り、その後、地上の生活に落ち着きます。

ばったのなかま

すずむし

「リーンリーン」と鈴がなるように鳴くのでスズムシといいます。とてもかいやすいこん虫で、じょうずにかえば、毎年、美しい声を楽しむことができます。

スズムシ
- 15〜17mm
- 8〜10月
- 川原や海岸

オス

とくちょう

＼はねを広げて鳴く！／

大きなはねを広げて鳴くよ。オスが鳴くのはメスをよぶため。メスは鳴かないよ。

鳴いていないときのオスは、しずく形。

スズムシは川原や海岸の、やや　うす暗い草地にすんでいますが、コオロギほどふつうにはいません。お店で買ったり、たくさんかっている人に分けてもらいましょう。

くらし

エンマコオロギのくらしとよくにています。関東では6月中旬にふ化します。

▶エンマコオロギとちがい、草によじのぼって下向きで羽化する。

1 卵は土の中で冬ごしをする。

2 6月中旬にふ化する。

3 メスの8齢（終齢）幼虫。

4

5

6

ばったのなかま

70

かいかた

コオロギとスズムシは、ほぼ同じ
かんきょうでかうことができます。

えさ

スズムシもコオロギもえさは同じ。
動物質と植物質のえさをあたえる。
ハムスターやコイのえさも食べる。

ナス・
キュウリ

にぼし・
かつおぶし

ハムスターのえさ

40cm のケースで、オスとメスを
合わせて 15 匹くらいかえる。

● ケースはすずしい日か
げに置く。
● コオロギをかうときは、
ワラなどでかくれるとこ
ろをふやす。

しめらせた土や砂を
5cm くらいしく。

土にふれないように
くしにさす。

● スズムシは少し高いところに
のぼることがすきなので、と
まり木をかならず入れる。

ポイント

● スズムシは動物質のえさが少なくなった
ら、とも食いをするので、えさを切らさない
ように注意する。
● 土の表面がかわいてきたら、きりふきで水
をかける。
● えさの野菜は毎日とりかえる。
● 死んでしまった虫はこまめにとりのぞく。

かんさつしよう　スズムシの卵のふ化

スズムシのメスは土の中に卵を産む
よ。成虫が死んだら土だけ残し、つぎ
の年まで屋外やベランダの物置などで
保管しよう。土がかわかないようにふ
たとケースの間に、通気の穴をあけた
ビニールをはさんでおくこと。

つぎの年の 5 月になったらケースを室
内にうつす。早ければ 5 月中に、遅くと
も 6 月には幼虫が生まれるよ。たくさん
の幼虫が生まれたら、幼虫を小分けに
してかおう。

きりぎりす

オス

「ギーッ・チョン」と草むらから声をひびかせるのが、夏を代表する鳴く虫のキリギリスです。かいながら鳴き声を楽しんでみましょう。

ヒガシキリギリス
📏40mm 🦋6〜9月
🔍草原

くらし

都市部ではほとんど見られませんが、郊外の川原や海辺、山地の草原では今でも見ることができます。

ばったのなかま

① ギーッ・チョン

はねをこすり合わせて鳴くヒガシキリギリスのオス。7月中旬から鳴きはじめる。

② 産卵管

メスは夏から秋にかけて、地面に長い産卵管をつきさして卵を産む。メスは鳴かない。

③

卵の大きさは5mmほど。卵で冬をこす。

④

つぎの年の4月ごろにふ化する。

⑤

ハルジオンの花ふんを食べる1齢幼虫。小さい幼虫は花ふんやアブラムシを食べる。

⑥

6回脱皮して成長する。大きくなると、いろいろなこん虫をつかまえて食べる。

まめちしき お盆すぎに産卵したキリギリスの卵は、翌々年にふ化します。

かいかた

キリギリスのなかまは動物食が強いので、ケースにたくさん入れたり、えさが足りなかったりすると、とも食いをするので注意しましょう。

えさ

動物質と植物質のりょうほうあたえる。

動物質

にぼし、かつおぶし、ミールワーム、小さいバッタなどの生きた虫。小さい幼虫にはアブラムシ。

にぼし　　ミールワーム

植物質

キュウリやナス。小さい幼虫は花ふんをよく食べるので、タンポポなどの花。

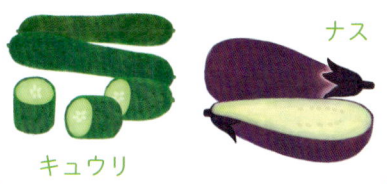

キュウリ　　ナス

30cm のケースで、成虫が 3 ～ 4 匹かえる。ケースは風通しのよい日かげに置く。

土か砂を 5cm ほどの深さに入れて、しめらせる。

卵を産んだら
メスは土の中に卵を産む。成虫が死んだら土だけ残し、つぎの年まで屋外の物置などで保管する。土がかわかないようにふたとケースの間に、通気の穴をあけたビニールをはさんでおく。

キリギリスの食べ物

キリギリスのなかまは雑食性ですが、種類によって動物食が強いものや、草の実がすきなものがいます。かうときはえさに注意しましょう。

バッタを食べるヒガシキリギリス

ヒガシキリギリスやヤブキリなどの大型の種類は、もっとも動物食が強い。

メヒシバの実を食べるクサキリ

クサキリやササキリなどは、イネ科の実をよく食べる。

ハギの花を食べるツユムシ

ツユムシは、花びらや花ふんをよく食べる。

まめちしき キリギリスのなかまの多くは卵で冬をこしますが、クビキリギリスなどは成虫で冬をこします。

✥ ✝ ＝…はねと、メスの産卵管はふくみません。

コオロギ図鑑

コオロギのなかまの多くは、オスが美しい声で鳴きます。
ここでは、代表的なコオロギのなかまをしょうかいします。

リー リー リー リー

オス　　　メス

ツヅレサセコオロギ
📏15〜18mm　🦋9〜11月
🔍畑や庭などの、地面が多い草地

リリリリ リリリリ

オス

オスの顔

モリオカメコオロギ
📏13mm　🦋9〜11月
🔍林のまわり

リッ リッ リッ リッ

オス　　　オスの顔

ミツカドコオロギ
📏15〜19mm　🦋8〜10月
🔍かわいた地面が多い草地

チッ チロリ

オス　　　メス

マツムシ
📏18〜24mm　🦋8〜11月
🔍海岸や川原の、やや深いかわいた草地

リィー リィー リィー

オス　　　メス

アオマツムシ
📏23〜24mm　🦋8〜11月
🔍街路樹や雑木林の木の上

ルールール

オス

カンタン
📏12〜16mm　🦋8〜11月
🔍ススキやクズがしげる草地

チッチッチッ

オス　　　メス

カネタタキ
📏10〜14mm　🦋8〜11月
🔍庭木や低い生垣など

ビー

オス　　　メス

シバスズ
📏7〜8mm　🦋6〜7月・9〜11月
🔍公園の芝生など

フィリリリリ……

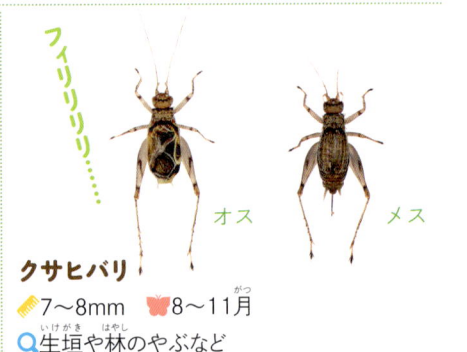

オス　　　メス

クサヒバリ
📏7〜8mm　🦋8〜11月
🔍生垣や林のやぶなど

　まめちしき ▶ 中国では、自分で育てたコオロギを闘わせる「闘蟋（とうしつ）」という競技があります。

キリギリス図鑑

キリギリスのなかまは草地から林にかけてすんでいます。
種類によってすむところと鳴き声がちがいます。

ジリリリリリー

オス

ヤブキリ

📏30〜40mm　🦋6〜8月

🔍林の木の上など

シッチョ
シッチョ……

オス

ハタケノウマオイ

📏19〜26mm　🦋8〜10月

🔍深い草地など

シリリリ……

オス

ヒメギス

📏22〜25mm　🦋6〜8月

🔍草の深い、しめった草地

シ

オス

クサキリ

📏25〜35mm　🦋8〜10月

🔍田んぼのあぜなど
茶色のものも多い。

ジ

オス

濃いピンク色のオス

クビキリギス

📏35〜42mm　🦋10〜6月　🔍町中の草地など
緑色や茶色のものが多いが、ピンク色のものもまれにいる。

ジキジキ
ジキジキ……

オス

ササキリ

📏15mm　🦋8〜10月

🔍やや日かげの多い林の中やふち

チ チ チ チ……
ジュキージュキージュキー

オス

セスジツユムシ

📏オス16mm・メス23mm

🦋8〜10月　🔍林に近い草地

ピチ ピチ ピチ
ジィ ジィ ジィ

オス

ツユムシ

📏オス14mm・メス18mm

🦋7〜11月　🔍明るい草地

ガチャガチャ
ガチャガチャ

オス

クツワムシ

📏オス33mm・メス36mm

🦋8〜10月　🔍うす暗いやぶの中
緑色のものもいる。

まめちしき ▶ キリギリスなどの鳴く虫は、前あしにある鼓膜（こまく）で音をきいています。

ばったのなかま

秋の鳴く虫たち

秋の夜長に美しい声をひびかせる鳴く虫たち。ここでは鳴いているときの鳴く虫たちのすがたをしょうかいします。いっしょうけんめい鳴いている虫たちに耳をかたむけてみてね。

ルールールールー

カンタン

リーンリーン

スズムシ

チッ チロリ

マツムシ

コロコロコロリー

エンマコオロギ

リッ リッ リッ リッ

ミツカドコオロギ

チッ チッ チッ

カネタタキ

リィーリィーリィーリィー

アオマツムシ

フィリリリリ・・・

クサヒバリ

スゥーイ チョン

ハヤシノウマオイ

ビ————

シバスズ

ガチャガチャガチャガチャ

クツワムシ

かまきり

三角形の頭と、トゲのならんだ大きな前あしをもつカマキリは、ちょっとこわそう。でもよく見ると、顔もしぐさもとってもゆかい。ゆうしゅうなハンター、カマキリのくらしをかんさつしてみよう。

オオカマキリ

📏 70〜95mm 🐛 8〜11月
🔍 平地から低山地の林や草原

メス

かまきりのなかま

とくちょう

狩りがとくい！

1 あ、バッタだ！

2 ねらいをつけて、えい！

3 ムシャムシャ

えものの大きさと動きを見ながら、大きなカマのような前あしがとどく場所までそっと近づき、すばやくカマをくり出してつかまえるよ。

カマでえものをしっかりつかんで食べる。

いかくのポーズ！

自分よりも、大きな相手に会ったときにするいかくのポーズ。相手のすきを見てにげるよ。

びっくり情報

オスはメスに食べられちゃう！

メスは、おなかがすいていると、交尾の前や後、交尾中でもオスをおそって食べてしまうことがあるよ。オスにとって交尾は命がけ。

くらし　オオカマキリは動物食のこん虫で、ほかの生き物をつかまえて食べます。

1 「卵しょう」とよばれる、スポンジのような卵のかたまりで冬をこす。

2 5月、いっせいに幼虫がふ化し、糸でぶら下がりながら脱皮する。

3 幼虫はすぐにバラバラになり、小さな虫を食べて、脱皮をくり返す。

4 8月、7齢（終齢）幼虫は、バッタなどをつかまえて食べるようになる。

5 6 8月下旬の夜、草にぶら下がってゆっくり脱皮し、羽化する。しばらくぶら下がった後、体を起こすとはねがのびる。

7 オスはメスを見つけると、メスの上にとびのって交尾をする。

8 メスは、秋の終わりに草のくきに卵しょうを産みつける。

かんさつしよう

オオカマキリとカマキリのちがい

オオカマキリとカマキリはそっくりです。見分けるポイントをおぼえよう。

後ろばねのもようが濃くて、はっきりしている。

メス

オオカマキリ

前あしの間にあるオレンジ色のはんもんは、カマキリのほうが濃く、あざやかな色。

メス

カマキリ（チョウセンカマキリ）

かいかた

カマキリがえものをつかまえるようすや、メスが卵しょうを産むところをかんさつしよう。水をよく飲むので、毎日かるく、きりふきをかけてあげます。

● ケースがたおれないように注意。たおれやすいケースは横にして使う。

えさ

幼虫

生きたアブラムシ、ハエ、カなど。

アブラムシ

ハエ

成虫

前あしでつかまえられる大きさの、生きた虫。

バッタ

ミールワーム

とり肉などを、口元に近づけてあたえてもよい。

しっかりふたをしめる。

30cmのケースで、成虫1匹。幼虫だと3匹ほどかえる。幼虫が3cmくらいの大きさになったら、1匹ずつかう。

水をよく飲むので、毎日きりふきで水気をあたえる。

えさの虫は2〜3匹入れておく。食べのこしは、すぐにかたづける。

足場となる草や枝を、花をかざるときに使う給水スポンジに立てる。

ポイント

卵しょうを見つけたら

冬に卵しょうを見つけて家に持ちかえると、あたたかいので冬の間にふ化してしまうことがあります。ケースに入れたら、玄関など外の温度と同じ場所に置いておきます。

まめちしき カマキリは、えものを食べた後、前あしをなめておそうじします。

かまきりのなかま

カマキリ図鑑

カマキリのなかまは、身近な場所では4種類が知られています。町中の緑が多い公園から野山の草地までくらしています。

オオカマキリ

📏70〜95mm 🦋8〜11月
🔍平地から低山地の林や草原

もっとも大きくて、身近なカマキリ。高い草の上などでよく見られ、体の色が、緑色とかっ色のものがいる。

卵しょう

オス（緑色型）
オスの緑色型は、はねの背面がかっ色。

メス（かっ色型）

カマキリ（チョウセンカマキリ）

📏65〜90mm 🦋8〜11月
🔍明るい草地などいろいろな場所

オオカマキリにくらべて体が細く、やや小さい。明るい草地をこのみ、オオカマキリと同じ場所でも見られる。緑色とかっ色のものがいる。

卵しょう

オス（かっ色型）

メス（緑色型）

ハラビロカマキリ

📏45〜70mm 🦋8〜10月
🔍人里の林や町中

公園や雑木林の低い木の上で見られる。緑色のものが多い。

卵しょう

オス（緑色型）

メス（緑色型）

コカマキリ

📏36〜60mm 🦋8〜10月
🔍人里の畑や草地

地面や草の上など低い場所で見られる。かっ色のものが多い。

卵しょう

オス（かっ色型）

メス（かっ色型）

かまきりのなかま

ななふし

枝のような体つきで、風景にとけこむ「森の忍者」ナナフシ。雑木林に行ったらさがしてみよう。かくれている忍者を見つけだせるかな?

ナナフシモドキ（ナナフシ）
メス74〜100mm
7〜11月
平地から低山地の雑木 林

メス

体の色は、緑色のほかに茶色いものもいる。

とくちょう

かくれんぼがとくい!

どこどこ？

木の枝にそっくり。枝の先でじっとしていると見つけにくいよ。

くらし

ナナフシモドキは、木の上で葉っぱを食べてくらしています。

1 3mm ほどの卵を地面に産み落とす。

3 若葉にのぼった１齢幼虫は、若葉を食べて成長する。

2 冬をこした卵は、4月のはじめにふ化する。

オスはめずらしい!

ナナフシモドキのオス

ナナフシモドキのオスは、１年に１匹見つかるか見つからないかくらいです。

ななふしのなかま

まめちしき ナナフシのなかまの卵は、植物の種のような形をしていて、ふたがついています。

かいかた

ナナフシは、葉っぱだけを食べてくらすこん虫。えさになる葉っぱが、近くの公園や雑木林で手に入るなら、しいくはかんたんです。

えさ

クヌギ、コナラ、バラ科、マメ科の葉っぱ。幼虫には、やわらかい葉っぱをあたえる。

コナラ

クヌギ

ナナフシ図鑑

しっかりふたをしめる。

●ケースがたおれないように注意。たおれやすいケースは横にして使う。

40cmのケースで、成虫が2〜3匹かえる。

水をよく飲むので、毎日1回きりふきで水気をあたえる。

葉っぱがしおれないように、水が入ったビンにさし、すきまにティッシュなどをつめる。

ポイント

フンとまじって卵が落ちていることがあるよ。タッパーにしめった砂をしき、その上に卵を置いて保管しよう。

エダナナフシ

📏 メス82〜112mm
🦋 7〜11月
🔍 雑木林にすむ

ナナフシモドキににているが、触角が長いことでくべつがつく。サクラの葉っぱをよく食べる。

ヤスマツトビナナフシ

📏 メス42〜54mm
🦋 7〜11月
🔍 雑木林にすむ

美しいピンク色の後ろばねをもっている。クヌギなどの葉っぱを食べる。木の上にいることが多く、目につくことが少ない。

せみ

セミたちは、大きな声で夏のおとずれを感じさせてくれるこん虫です。神秘的な羽化のようすをかんさつしてみましょう。きっと一生の思い出になるでしょう。

アブラゼミ

🪶25〜30mm　🦋8〜10月

日本に広くすむ。油がにえ立つ音に鳴き声がにていることでついた名前。

幼虫

とくちょう

ジリジリジリジリ……

鳴くのはオス

オスはメスをよぶために鳴くよ。おなかの中の器官をふるわせて、音を出しているよ。

樹液をチュウチュウ！

はりのような口をみきにつきさし、木のしるをすうよ。

幼虫も木のしるをチュウチュウ！

幼虫は土の中にトンネルをほりながら生活し、木の根っこからしるをすって成長するよ。

くらし

アブラゼミ

幼虫の期間がとても長いこん虫です。成虫になるまでに、長いもので5年かかりますが、成虫になると、2週間ほどしか生きることができません。

1

8月中旬〜下旬、メスは枝やみきに産卵管をさし、200個ほど卵を産む。卵の大きさは2mmほど。卵でつぎの年の初夏まですごす。

2

6月、卵からふ化した1齢幼虫は、地上に落ちて土にもぐる。

3

5齢（終齢）幼虫は、色と形がセミのぬけがらと同じになる。

かめむしのなかま

まめちしき　セミの多くの種類は木のしるをすいますが、沖縄にすむイワサキクサゼミはサトウキビのしるをすいます。

かんさつしよう

夜、公園で羽化を見よう

セミがたくさん鳴く公園に行ってみよう。セミのぬけがらが木についていたり、地面にセミの幼虫が出た穴がたくさん見つかったりするよ。8月の夜に行くと羽化が見られるかもしれません。

セミの幼虫が出た穴。

夜の8時から9時が羽化のピーク。

7時51分

8時00分

8時07分

8時20分

幼虫は木にのぼると、まず羽化の場所を決める。みきや葉のうらで羽化のじゅんびができたら、背中がわれて成虫の体があらわれる。成虫の白くてやわらかい体は、ゆっくりとぬけ出るとぶら下がってしばらくとまっている。

8時27分

8時32分

8時45分

12時00分

4時間かかって成虫になる。

しばらくたつと、ゆっくりと体を起こし、足をぬけがらにかけ、おなかの先からぬき取る。はねがのびはじめると、少しずつ体の色がつきはじめる。夜明けになると、飛びたち成虫のくらしがはじまる。

まめちしき ぬけがらの背中から白い糸のようなものが出ていることがあります。それは空気をすう「気門」という器官のぬけがらです。

かめむしのなかま

セミ図鑑

セミのなかまは、日本に35種類います。ここでは、本州の里から山地にかけて見られる種類をしょうかいします。

かめむしのなかま

クマゼミ

🔍 40〜48mm　🦋 6〜8月

あたたかい地方に多いセミ。午前中に鳴き、午後には鳴きやむ。

ミンミンゼミ

🔍 33〜36mm　🦋 7〜9月

日本に広く分布する代表的なセミ。鳴き声が名前の由来。

ヒグラシ

🔍 21〜38mm　🦋 6〜9月

うすぐらい朝と夕方に鳴く。6月下旬から鳴きはじめる。

ニイニイゼミ

🔍 20〜24mm　🦋 6〜9月

樹皮にそっくりな色をしたセミ。6月下旬から鳴きはじめる。

ツクツクボウシ

🔍 29〜31mm　🦋 7〜10月

ほかのセミとくらべておそく、8月中旬〜9月にかけてよく鳴く。

エゾゼミ

🔍 40〜47mm　🦋 7〜9月

やや標高が高く、すずしい地域の雑木林にくらす。

コエゾゼミ

🔍 33〜35mm　🦋 7〜8月

エゾゼミよりも、さらに標高が高い山地にくらすセミ。

ハルゼミ

🔍 23〜32mm　🦋 5〜6月

初夏に発生し、平地ではもっとも早く鳴きはじめる。

エゾハルゼミ

🔍 22〜33mm　🦋 6〜7月

山地でもっとも早く鳴くセミで、6〜7月に大合唱がきかれる。

チッチゼミ

🔍 18〜23mm　🦋 7〜11月

やや標高が高い山地の松林にくらし、9〜10月にかけてよく鳴く。

まめちしき クマゼミは枯れ枝に産卵管をさして卵を産みます。枝とまちがえて、光ファイバーケーブルに卵を産みつける事故が多発したことがありました。

セミのぬけがら図鑑

夏休みにキャンプや旅行をするときに、セミのぬけがらをさがしてみよう！
その場所ならではの、ぬけがらが見つかることがあるよ。

● ぬけがらは実物大。

クマゼミ
とても大きい。関東より西の、あたたかい地方で見つかる。

アブラゼミ
公園などでふつうに見つかる。

ミンミンゼミ
公園などでふつうに見つかる。

こんなところにも！

サクラの葉っぱについたアブラゼミのぬけがら。

ヒグラシ
公園よりも木が多い雑木林などで見つかる。

ニイニイゼミ
どろまみれになって出てくる。公園よりも木が多い雑木林などで見つかる。

ツクツクボウシ
長細い体型で、公園や雑木林などで見つかる。

エゾゼミ
こいかっ色で、少しどろがつくことがある。標高がやや高い林で見つかる。

コエゾゼミ
こいかっ色で、少しどろがつくことがある。標高が高い山で見つかる。

ハルゼミ
マツがまじる雑木林や松林で、5〜6月に見つかる。

エゾハルゼミ
標高が高い林で、5〜6月にかけて見つかる。

チッチゼミ
とても小さなぬけがらで、標高がやや高い松林のまわりで見つかる。

かんさつしよう

そっくりなぬけがら

アブラゼミとミンミンゼミは、ぬけがらがよくにているよ。頭の部分をよく見て、ちがいをさがしてみよう。

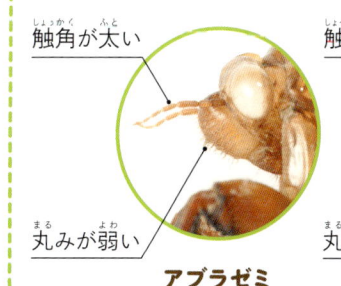

触角が太い
丸みが弱い
アブラゼミ

触角が細い
丸みが強い
ミンミンゼミ

かめむしのなかま

よこばい・うんか・はごろもなど

ヨコバイ・ウンカ・ハゴロモなどは、身近な草原や木の枝にたくさんの種類が見られる、セミに近いなかまです。小さいけれど、よく見るとおもしろいすがたをしたものが多いよ。

ツマグロオオヨコバイ
📏13mm 🦋9〜翌6月
🔍いろいろな植物のくきや葉

ベッコウハゴロモ
📏10mm 🦋7〜9月
🔍いろいろな植物のくきや葉

ミミズク
📏13〜19mm 🦋6〜9月
🔍いろいろな樹木のみきやえだ

アカハネナガウンカ
📏10mm 🦋8〜9月
🔍ススキなど

くらし ツマグロオオヨコバイ

町の中でも見られるツマグロオオヨコバイは、ヨコバイのなかまのなかでいちばん大きい種類です。

黄色い体に黒いもようがあることから「バナナムシ」ともよばれます。

おしっこ

4月ごろから木の汁をすって生活する。このころおしっこをよく飛ばすよ。

おどろいてにげたり、ほかの木に移動したりするとき飛ぶ。でも、それほどはやく飛べないよ。

5〜6月ごろ、交尾をしたメスが葉っぱの中に卵を産む。7〜8月で一生を終える。

ふ化した幼虫は夏の間に育つ。葉のうら側にいることが多く、目立たないよ。

秋になると新しい成虫が目立ちはじめ、10月まですがたが見られる。

冬になると、落ち葉の下にもぐりこんで冬をこすよ。

まめちしき ▶ ヨコバイとウンカは、オスがメスをよぶときに、人間の耳にはきこえない高い音を出しています。

ヨコバイ・ウンカ・ハゴロモなど図鑑

小さいものが多く、顔をよく見るとセミにそっくり。

オオヨコバイ

📏8〜10mm 🦋5〜11月
🔍草原のいろいろな植物

マエグロハネナガウンカ

📏4mm 🦋8〜9月
🔍林のまわり

コガシラウンカ

📏8mm 🦋7〜8月
🔍いろいろな植物

マルウンカ

テントウムシのようなすがた。
📏5〜6mm 🦋6〜7月
🔍林のまわり

ホシアワフキ

幼虫とすみか
📏13mm 🦋7〜11月
🔍草原のススキなど

ムネアカアワフキ

メス
オス
幼虫のすみか
📏4〜5mm 🦋4〜6月
🔍サクラの枝先

スケバハゴロモ

📏6mm 🦋7〜9月
🔍林や公園などの植物

トビイロツノゼミ

📏5〜6mm 🦋5〜9月
🔍林の下草

幼虫は、体に白いものをまとっていて、集団で植物のくきについている。

アオバハゴロモ
幼虫
📏6mm 🦋8〜10月
🔍林や公園などの植物

アミガサハゴロモ
幼虫
📏8mm 🦋8〜10月
🔍林や公園などの植物

成虫
幼虫

コミミズク
📏8mm 🦋5〜8月
🔍林や公園などの植物

まめちしき ▶ ヨコバイ、ウンカ、ハゴロモなどのなかまは、にげるときにいきおいよくはねるものが多い。

かめむしのなかま

かめむし

カメムシは「くさい虫」と思っていないかな？
たしかに、さわっていじめるとくさいガスを出すけれど、
じつは色やかたちが、おしゃれなものが多いよ。

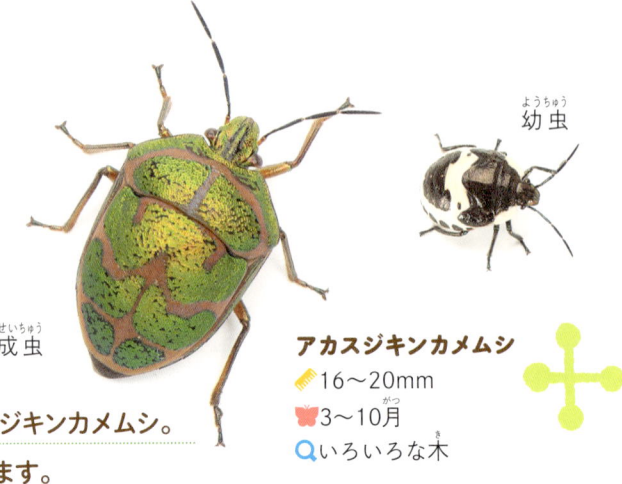

幼虫

成虫

くらし アカスジキンカメムシ

きらきらした美しい緑色に、赤いすじのもようがおしゃれなアカスジキンカメムシ。
公園や雑木林で木の実の汁をすっているところを見ることができます。

アカスジキンカメムシ
📏 16〜20mm
🦋 3〜10月
🔍 いろいろな木

❶ コブシの実の汁をすう成虫。くさいガスを出して、敵から身を守るよ。

くさいガスを
出すところ

❷ 6月下旬からは結婚の季節。葉の上で交尾する。

❸ メスは葉のうらに卵を産む。卵の数は14個とほぼ決まっていて、1週間ほどでふ化する。

卵

幼虫

❹ コブシの葉のうらに集まる幼虫。

❺ 冬になると、落ち葉の下にもぐりこんで終齢幼虫のすがたで冬をこす。

❻ 初夏になると活動をはじめ、5月から6月にかけて羽化する。

まめちしき 青リンゴやミカン類のようなにおいを出すカメムシもいます。

かめむしのなかま

カメムシ図鑑

身近に見られる種類や、おしゃれなカメムシのなかまたちを見てみよう!

クサギカメムシ

📏15mm　🦋8〜9月　🔍いろいろな木

チャバネアオカメムシ

📏10〜12mm
🦋6〜10月　🔍いろいろな木

ナガメ

📏6〜10mm　🦋4〜10月
🔍アブラナ科の花の上

アカスジカメムシ

📏9〜12mm　🦋6〜8月
🔍アシタバやニンジンの花

エサキモンキツノカメムシ

葉のうらで卵と幼虫を守る。背中のハートマークがかわいい。

📏11〜13mm　🦋4〜10月
🔍町のミズキなどの葉っぱ

ハサミツノカメムシ

オスは赤い2本の突起が目立つ。

📏14〜17mm　🦋5〜9月　🔍雑木林

マルカメムシ

📏5mm　🦋5〜10月
🔍林のふちや草原にはえるマメ科やイネ科の植物

オオホシカメムシ

📏15〜19mm
🦋6〜8月　🔍アカメガシワの実

トホシカメムシ

黒い点が10個ある。

📏16〜23mm　🦋6〜9月
🔍カエデ類やケヤキの木

ホソヘリカメムシ

細長い体をしている。

幼虫

📏14〜17mm　🦋3〜11月
🔍林のふちや草原にはえるマメ科やイネ科の植物

アカサシガメ

動物食。

📏14〜17mm
🦋5〜8月　🔍草むら

ヨコヅナサシガメ

動物食。公園などでふえている。

📏16〜24mm　🦋3〜6月
🔍サクラやエノキの木

かめむしのなかま

まめちしき ふたをしたケースに入ったカメムシがガスを出すと、自分のガスで死んでしまうことがあります。

あめんぼ

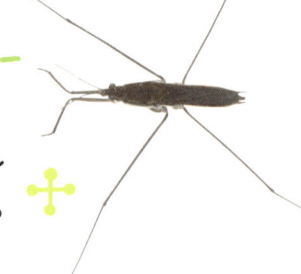

水面をスケートをするように、スイスイとすばやく泳ぐ水生こん虫です。身近な池や水路でも見られます。水あみをかぶせてすばやくつかまえてみよう。

アメンボ
📏 11～16mm
🦋 3～10月
🌱 小さな生き物
池や水たまり、小川など、おだやかな水面にいる。

卵

2齢幼虫

とくちょう

水の上を泳ぐ！

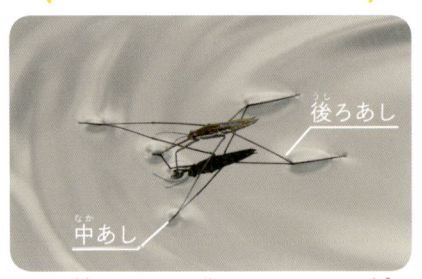

後ろあし

中あし

あしの先にこまかい毛がはえていて、水にぬれないようになっているので、うくことができるよ。長い「中あし」をこぐように動かし、スイスイ泳ぐ。

とかして食べる！

水面に落ちたこん虫に、口をさして食べるよ。

空も飛ぶよ！

成虫は飛んで、新しい池にいどうしたり、冬をこすために陸へいったりする。

びっくり情報

カメムシのなかまは、体からにおいを出すよ。ほとんどのカメムシはくさいけれど、アメンボは指でつまんでにおいをかぐと、アメのような甘いにおいがする。だから「アメンボ」と名づけられたよ。

かめむしのなかま

まめちしき 海にすむこん虫はほとんどいませんが、ウミアメンボというアメンボのなかまが海にすんでいます。

まつもむし

マツモムシは、長いあしをオールのように動かして背泳ぎをするおもしろい水生こん虫。池や田んぼをのぞきこむと、水面におなかを向けて泳いでいます。

マツモムシ
- 11〜14mm
- 3〜11月
- 小さな生き物

池など水がたまった場所の水面にいる。

とくちょう

あおむけで泳ぐ！

いつもあおむけで泳ぐよ。それほど早く泳がないので、水あみで簡単にすくえる。

あおむけで食事

水面に小さな虫などが落ちると、すばやくあしでつかまえるよ。

空を飛ぶ！

飛ぶときは、くるっとまわって水面から飛び立つよ。

かいかた

アメンボとマツモムシは水を入れたケースでかんたんにかうことができます。くらしを見てみよう。

えさ

小さいバッタ　　ハエなどの虫

● 飛ぶので、しっかりふたをする。

ろ過装置を入れる。

● 40cmのケースで、アメンボは3匹、マツモムシは5匹くらい。

アメンボは水の深さが5cm あれば十分。マツモムシは水の深さを10cm くらいにする。

● アメンボをかうときは、枝などをうかべる。マツモムシをかうときは、水草を入れる。

まめちしき マツモムシをつかまえるときは、さされないように注意しましょう。ハチにさされたような痛みを感じることがあります。

たがめ

タガメはカメムシのなかまで、日本で一番大きい水生こん虫です。むかしは田んぼでふつうに見られましたが、今ではすむ場所がへって、あまり見られなくなりました。

タガメ
- 48〜65mm
- 4〜10月
- 池やぬま、田んぼなど

かめむしのなかま

とくちょう

お父さんが子育て

水かけなきゃ！

メスの産んだ卵を、オスが水分をあたえたりして世話をするよ。メスは、交尾相手を見つけるために、ほかのメスの産んだ卵をこわしに出かけ、卵を守っているオスとたたかうことがあるんだ。

とかして食べちゃう！

口

大きな前あしでカエルなどをつかまえ、とがった口をさして、体をとかしてすいとるよ。

くらし

1

6月ごろ、水面からつき出たくいや草で、交尾をしながら卵を産む。

2

5齢（終齢）幼虫。幼虫期間は1か月で、脱皮をくり返して成長する。

3

夏の間に羽化して成虫になる。そのまま秋をむかえて冬をこす。

4

成虫は、新しい水辺や冬ごしする場所をもとめて、数 km も飛ぶことがある。

まめちしき 漢字では「田亀」と書きますが、田んぼにいるカメムシという意味で「タガメ」です。

こおいむし

水路や池でくらす、カメムシのなかまで、オスが卵を背おって世話をします。子育てに熱心な、いまどきのお父さんのような水生こん虫です。

コオイムシ
📏 17〜20mm
🦋 4〜11月
🔍 池や水路など

オオコオイムシ
📏 23〜26mm
🦋 4〜10月
🔍 山地の池やぬまなど

とくちょう

背中で育てるなんておもしろい！

背中で卵を育てる！

交尾をしながら、メスがオスの背中に卵を産みつけるよ。

よしよし いい子だね〜

オスが背中に卵を背おって、子育てする。このすがたから、「子おい虫」という名前がついたと考えられているよ。

かいかた

コオイムシは、じょうぶでかいやすい水生こん虫ですが、生きたえさを食べます。かう前にえさを用意する方法を考えておきましょう。

● 30cm のケースで、4〜5匹かえる。
● えさのかすを毎日ていねいに取りのぞいて、水がよごれないように注意する。

水の深さは 5 〜 10cm。

水草を多めに入れる。

ろ過装置

えさ

小さな貝類や赤虫などの水生生物。小さなコオロギを、水草の上に歩かせておいても食べる。

サカマキガイ

かめむしのなかま

たいこうち

田んぼや池で見られる水生こん虫です。平べったい体で、落ち葉にまぎれたり、どろの中にかくれたりして、忍者のようにじっと、えものを待ちかまえます。

タイコウチ
- 📏 30〜38mm（呼吸管をのぞく）
- 🌸 3〜11月
- 🔍 池や田んぼ

かめむしのなかま

とくちょう

管で息をする！

おなかの先にある長い呼吸管を水面に出して、息をするよ。

おもしろ情報

でんでんでん！

タイコウチとは「太鼓打ち」と書き、前あしを動かすしぐさが太鼓を打っているように見えることからついた名前だよ。

くらし

タイコウチとミズカマキリは、とてもかいやすい水生こん虫です。卵を産むための陸地を作れば、産卵させて幼虫から育てることもできます。

1

初夏、メスは水ぎわの陸地にあがり、どろの中に 10 〜 15 個の卵を産む。

2

卵の大きさは3mm。

白い毛のようなものは、卵が息をするための管だと考えられている。

3

産卵から 10 日ほどで、いっせいにふ化する。1 齢幼虫は、水のほうに歩いていく。

4

幼虫は4回脱皮をくり返して、夏の終わりごろに成虫になる。

🟠 まめちしき タイコウチは、さわると死んだふりをして、しばらく動かないことがあります。

みずかまきり

水にすむカメムシのなかまのなかでは、出会うことの多い種類です。細長い体つきですが、タイコウチに近い種類です。

ミズカマキリ
- 40〜45mm（呼吸管をのぞく）
- 3〜11月
- 池やぬま

カマキリとおなじようなカマがあることから「ミズカマキリ」という名前がついたが、カマキリとはまったく別のこん虫。

とくちょう

タイコウチよりもやや深い水辺にすんでいます。前あしのカマが細いため大きなえものをつかまえるのは苦手ですが、アメンボなどをよくつかまえます。成長のしかたはタイコウチと同じです。

＼ 空を飛ぶよ！／

昼間に飛んで、いどうすることもあるよ。

＼ 管で息をする！／

体とおなじくらいの、とても長い呼吸管を水面に出して息をするよ。

＼ カマでつかまえる！／

水面のアメンボを前あしのカマでつかまえて、水中に引きずりこんで食べるよ。

かいかた

タイコウチとミズカマキリは、とてもかいやすい水生こん虫です。卵を産むための陸地を作れば、産卵させて幼虫から育てることもできます。

えさ

小さいおたまじゃくしやメダカ。

メダカ

おたまじゃくし

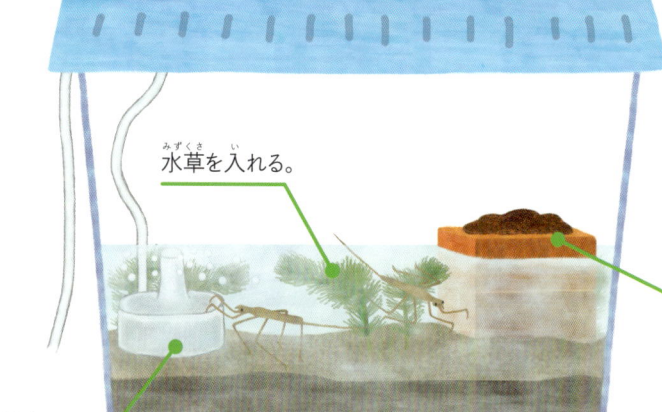

水草を入れる。

ろ過装置

- 40cm以上のケースで、5匹ほどしいくできる。ちがう種類を同じケースに入れないように注意。

石やレンガなどで陸地を作り、どろやコケをのせて産卵場所を作る。

- 水が悪くならないように注意して、えさのかすを毎日ていねいにとりのぞく。

くろすじぎんやんま

トンボの幼虫を「ヤゴ」とよびます。ヤゴは水中で育ち、成虫になると空をゆうゆうと飛びます。水辺でいろいろな種類のトンボをさがしてみよう。

オス

ヤゴ

とくちょう

飛びながらえものをつかまえる!

クロスジギンヤンマのオス。トンボのなかまは飛びながらこん虫をつかまえて食べるよ。

ヤゴのときはえらこきゅう!

クロスジギンヤンマのヤゴ。水の中にすみ、おなかの中のえらで呼吸するよ。

くらし

水の中ですごすヤゴは、14回も脱皮をくり返して大きくなり、5月ごろ羽化して大空へはばたきます。

1　**2**　**3**　**4**

十分に成長したヤゴは、草などにのぼり、最後の脱皮「羽化」をする。ヤゴの背中がわれて成虫があらわれると、最後にはねがのびる。羽化は夜におこなわれることが多く、朝方には飛び立つ。

とんぼのなかま

まめちしき　クロスジギンヤンマは初夏を代表する大型のトンボです。ギンヤンマは秋に多く見られます。

おもしろ情報

大きな目

トンボの頭の半分以上が目。小さい目が集まって、大きなひとつの複眼とよばれる目になっています。トンボはこん虫のなかで一番、目がいいと考えられています。

青くて美しいクロスジギンヤンマの複眼。

チラッ

頭をすこし動かしただけで、後ろまで見える。

かいかた ［ヤゴ］

水の中でくらすヤゴは、水そうや身近にある容器を使って、かんたんにかうことができます。

えさ

ヤゴの半分以下の大きさで生きたもの。メダカや赤虫。

メダカ

羽化のときにのぼる枝。剣山でたおれないようにする。

ろ過装置

●大型のヤゴは30cmのケースで5匹くらい。
●いっしょにかう場合は、とも食いしないようになるべく大きさのそろったヤゴにする。

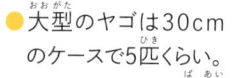

かんさつしよう

下しん

ヤゴはマジックハンドのようにのびる下しんで、すばやくえものをつかまえる。

まめちしき 秋から春に水草のしげる池を水あみですくうと、大きいクロスジギンヤンマのヤゴがとれます。

おにやんま

夏の小川で飛ぶすがたが見られる、日本でいちばん大きいトンボ。体の大きさと、エメラルドグリーンの目の美しさに、きっとおどろくはず！

オス

ヤゴ

オニヤンマ
🪮 95〜100mm 🦋 6〜10月
🔍 平地から山地の小川

とくちょう

なわばりをパトロール！

オニヤンマは小川になわばりを作ってパトロールするよ。

2年かけて大きくなる！

ヤゴは十数回の脱皮をくり返して、2年から4年かけて成長するよ。

おもしろ情報

かるくてじょうぶなはね

トンボのはねには「しみゃく」とよばれるすじがあります。しみゃくがあることで、はねがじょうぶになり、空中をすばやく飛ぶことができるのです。

しみゃく

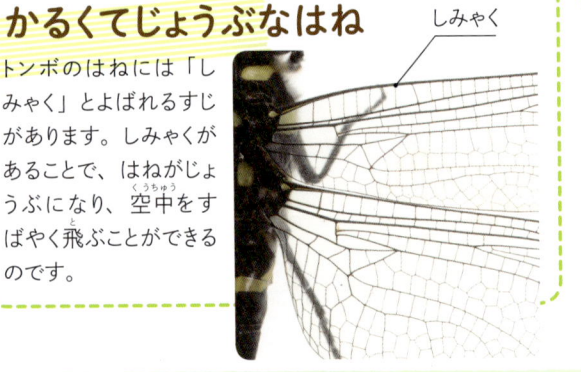

かいかた ［ヤゴ］

● オニヤンマのヤゴは羽化が近づくと、水と陸のさかい目でしばらくすごすので、かうときは、陸地を作ります。

羽化する場所を作る。

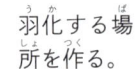

陸地を作る。

ろ過装置

あきあかね

田んぼで育つアキアカネは、旅をするトンボ。暑い夏をすずしい山ですごし、秋のおとずれとともに、田んぼにもどってきます。

オス

ヤゴ

アキアカネ
40mm　6〜12月
低地から山地の池や田んぼ

くらし

① 冬ごしした卵と、ふ化直後のヤゴ。田んぼに水が入るとふ化する。

② ヤゴは、ミジンコなどの小さな生き物を食べて育つ。

③ 6月〜7月上旬にかけて羽化し、すずしい山へいどうする。

④ 夏の間、すずしい山の上ですごす成虫。

⑤ 秋に人里へおりると、田んぼにもどり交尾する。

⑥ つながりながら、水中に直接産卵するペア（上オス・下メス）。

おもしろ情報

ナツアカネ

アキアカネによくにたナツアカネは、山の上にいどうしないで、林の日かげで夏をすごします。秋になると、水の上を飛び、空中から卵を産み落とすよ。

飛びながら産卵するナツアカネ（左オス・右メス）。

かいかた ［ヤゴ］

● アキアカネやシオカラトンボなど、田んぼでつかまえたヤゴは、あさいケースでかうことができます。

わりばしなどで、羽化する場所を作る。

毎日、水を半分ずつこうかんする。

とんぼのなかま

トンボ図鑑

日本は古くから水辺の環境がゆたかで、トンボの種類が多い国です。ここでは代表的なトンボの成虫とヤゴをしょうかいします。

イトトンボのなかま

アジアイトトンボ

交尾（上オス・下メス）

ヤゴ

📏 29mm　🦋 5〜10月
🔍 水草が多い池や田んぼ

モノサシトンボ

左メス・右オス

ヤゴ

📏 42mm　🦋 5〜9月
🔍 水草が多い池

ムカシトンボのなかま

ムカシトンボ

産卵中のメス

ヤゴ

📏 50mm　🦋 4〜5月
🔍 山の中の上流

カワトンボのなかま

ミヤマカワトンボ

オス

ヤゴ

📏 65mm　🦋 5〜9月
🔍 大きな川の上流〜中流

ハグロトンボ

オス

ヤゴ

📏 60mm　🦋 6〜10月
🔍 大きな川の中流や小川

ニホンカワトンボ

交尾（上オス・下メス）

ヤゴ

📏 55〜60mm　🦋 5〜9月
🔍 小川

ヤンマのなかま

ギンヤンマ

左メス・右オス

ヤゴ

📏 70mm　🦋 5〜11月
🔍 大きな池

オオルリボシヤンマ

オス

ヤゴ

📏 80mm　🦋 7〜10月
🔍 山地の大きな池

マルタンヤンマ

オス

ヤゴ

📏 70〜75mm　🦋 5〜9月
🔍 水草が多い池

とんぼのなかま

  イトトンボのなかまは、飛ぶ力が弱いため、あまり遠くまで飛びません。

トンボのなかま

シオカラトンボ
オス
ヤゴ
📏 50〜55mm 🦋 4〜10月
🔍 池や田んぼ

ショウジョウトンボ
オス
ヤゴ
📏 48mm 🦋 4〜10月
🔍 水草が多い池や田んぼ

ウスバキトンボ
オス
ヤゴ
📏 44〜54mm 🦋 5〜10月
🔍 池や田んぼ

ヤマトンボのなかま

オオヤマトンボ
メス
ヤゴ
📏 83mm 🦋 5〜9月 🔍 大きな池

コヤマトンボ
メス
ヤゴ
📏 75mm 🦋 4〜9月 🔍 大きな川の上流〜中流

サナエトンボのなかま

コサナエ

交尾（左オス・右メス）
ヤゴ
📏 42mm 🦋 5〜6月 🔍 水草が多い池

ダビドサナエ

オス
ヤゴ
📏 43mm 🦋 4〜7月
🔍 大きな川の上流〜中流

コオニヤンマ

オス
ヤゴ
📏 85mm 🦋 5〜9月
🔍 大きな川の上流〜中流

まめちしき ショウジョウトンボやウスバキトンボなどは赤い色をしていますが、アカネトンボのなかまではありません。

とんぼのなかま

かげろう

幼虫

成虫

亜成虫

はるか3億5千万年前からすがたを変えず、はね
をもったこん虫のなかでいちばん古いなかまです。
幼虫のときは水中ですごし、成虫になると地上で
くらします。成虫のじゅ命がとても短いことから、
「かげろう」という言葉は「はかないもの」のたと
えとして使われます。

モンカゲロウ
🖊 20〜25mm
🦋 4〜6月　🔍 小川のまわり

くらし

モンカゲロウの幼虫は、小川の底の砂やどろをすくうと見つかります。
初夏に羽化し、小川のまわりの木の葉のうらで成虫が見られます。

1 モンカゲロウの幼虫は、川底の砂の中で
トンネルをほって、植物や動物の小さな
かけらなどを食べる。

2 水面に移動した幼虫は、一瞬で羽化
して飛び立つ。この成虫を亜成虫とい
うよ。

3 日没がせまるころ、オスが集団で飛びな
がら上がったり下がったりする。そこにメ
スが飛びこみ、飛びながら交尾をする。

水面に落ちたメス。
卵

4 メスは飛びながら水面に卵のかたまり
を落とす。最後にメスは水面に落ちて、
さらに卵を放出し、一生を終える。

びっくり情報

はねをもった成虫がさらに脱皮!

亜成虫

成虫

亜成虫は飛ぶ力が弱く、ほとんど葉のうらなどです
ごします。そして、亜成虫になったつぎの日、もう1
回脱皮して成虫になります。脱皮は夕方から夜にか
けておこなわれます。成虫のじゅ命は数日から1週
間ほど。その間、なにも食べず、なにも飲みません。

まめちしき カゲロウの成虫には、飲んだり食べたりするための口がありません。

かげろうのなかま

カゲロウの幼虫図鑑

けい流などの川では、いろいろなカゲロウの幼虫が見つかります。種類によって、すむ場所がちがいます。

川底の砂にもぐろうとしているモンカゲロウの幼虫。

砂にもぐる

モンカゲロウやカワカゲロウのなかまは、川底の砂やどろ、落ち葉の中にもぐりこみ、植物や動物の小さなかけらを食べてくらしている。

フタスジモンカゲロウ
📏20mm　🦋ほぼ1年中
🔍きれいな小川など

キイロカワカゲロウ
📏10mm　🦋ほぼ1年中
🔍流れがゆるやかな川

石にはりつく

ヒラタカゲロウのなかまは、流れがはやい場所の石の表面でくらし、石についている藻類を食べる。石の上をすべるようにすばやく移動できる。

ナミヒラタカゲロウ
📏10mm　🦋秋から春
🔍川の上流に多い

エルモンヒラタカゲロウ
📏15mm　🦋ほぼ1年中
🔍上流から下流

シロタニガワカゲロウ
📏12mm　🦋ほぼ1年中
🔍上流から下流

石のすきま

マダラカゲロウのなかまは、石の下や落ち葉のすき間でくらしている。

ミツトゲマダラカゲロウ
📏12mm　🦋秋から春
🔍上流の流れがはやい川

泳ぎ回る

チラカゲロウは、流れがゆるやかな川のよどみでくらし、泳ぎ回って植物や動物の小さなかけらを食べる。

チラカゲロウ
📏7mm　🦋ほぼ1年中
🔍上流から下流

かんさつしよう

川の水生こん虫さがし

石がごろごろしたけい流では、石の下に多くの水生こん虫がかくれています。川下にあみをおいて、石をめくると、かくれていた水生こん虫がつかまえられるよ。

そっ！

まめちしき　カゲロウの幼虫は、つり人から「チョロムシ」とよばれ、魚をつるためのえさに使われます。

かわげら

幼虫のときに水の中ですごす水生こん虫です。平べったい体つきで、はねを背中にたたんだすがたがとくちょうです。

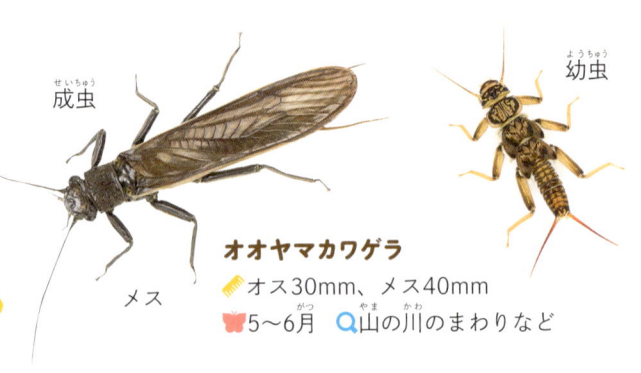

成虫

幼虫

メス

オオヤマカワゲラ
📏 オス30mm、メス40mm
🦋 5〜6月　🔍 山の川のまわりなど

とくちょう　オオヤマカワゲラ

きれいな水がすき！

水のきれいな川にしかすんでいない。成虫は5〜6月ごろ、川ぞいの葉の上で活動するよ。

音を出してプロポーズ！

交尾のときにオスは、ふるわせた体を葉っぱに打ちつけて音を出し、メスにプロポーズする。

幼虫にはえらがある

えら

幼虫のあしのつけ根に、ふさふさしたえらがあって、呼吸をしているよ。

くらし　オオヤマカワゲラは、水のきれいな川にすむ大型の種類です。一生のほとんどを水中ですごします。

1 メスは卵を産むために、上流を目指して飛んでいくよ。でも、飛ぶのはあまりうまくない。

水中に産み落とされた卵。

2 幼虫は川底の石のすきまで生活し、ほかの虫などをつかまえて食べる。成虫になるまで2〜3年もかかる。

3 5〜6月の夜、水から出て、岩や草によじのぼって羽化する。成虫は水しか飲まず、じゅ命は2週間くらい。

かわげらのなかま

まめちしき カワゲラの幼虫は、つり人から「オニチョロ」とよばれ、魚をつるためのえさに使われます。

んさつしよう

幼虫の食べ物

小型のカワゲラの幼虫は、おもに水中の落ち葉などを食べますが、大型のカワゲラの幼虫のなかには、カゲロウなどの幼虫をおそって食べるものもいます。

水中の落ち葉を食べる、小型のオナシカワゲラのなかまの幼虫。

カゲロウのなかまの幼虫を食べる、大型のクロヒゲカワゲラの幼虫。

カワゲラ幼虫図鑑

カワゲラのなかまの多くは、水の流れがある川の石の下やよどみにたまった落ち葉の下でくらしています。川の上流から中流に多くいて、水がきれいだと種類もたくさん見つかります。

クラカケカワゲラのなかま
📏30mm 🔍上流の流れがはやいところにいる。

ヤマトカワゲラ
📏20mm 🔍流れのおそい上流の落ち葉の中にいる。

フタツメカワゲラのなかま
📏20mm 🔍上流から中流。落ち葉がたまった中にいる。

クロヒゲカワゲラ
📏20mm 🔍上流の石の下にいる。

カワゲラ（カミムラカワゲラ）
📏20mm 🔍中流に多くいる。いちばんふつうに見られる種類。

ヒロバネアミメカワゲラ
📏25mm 🔍流れのおそい上流の落ち葉の中にいる。

セスジミドリカワゲラのなかま
📏8mm 🔍流れがゆるやかな川にいる。

びっくり情報

3億年前からいるカワゲラ

トワダカワゲラのなかまは、約3億年前からいる原始的なカワゲラです。幼虫は落ち葉などを食べながら3〜4年かけてゆっくりと成長し、秋が深まったころに羽化します。成虫にははねがなく、地面を歩きまわって生活します。

落ち葉の下などでくらすミネトワダカワゲラの幼虫。

はねがないミネトワダカワゲラの成虫。

107

とびけら

トビケラは幼虫のときに水の中でミノムシのようなケースやすみかを作ってくらす水生こん虫です。成虫のすがたはガによくにていて、チョウやガと同じ先祖をもつと考えられています。

成虫

幼虫は長い

ヒゲナガカワトビケラ
🪮 25〜27mm
🦐 4〜11月 🔍 川のまわり

とくちょう ヒゲナガカワトビケラ

水の中にすみかを作る

幼虫は、口から糸をはいて水の中にすみかを作るよ。

すみかとは別に、石のすき間にあみをはり、ひっかかった虫や植物のかけらを食べているよ。

水面で羽化する

さなぎのままマユから脱出し、水面に浮かんで羽化するよ。

羽化してすぐに、石の上で休む成虫。

くらし

ヒゲナガカワトビケラは川の上流から中流にかけて生活するトビケラの代表的な種類です。初夏から秋の間、川の近くを飛んでいるすがたが見られます。

1 成虫は、昼間、川の近くの葉にとまって休んでいる。

2 交尾したメスは、夕方、川の中にもぐり、石の表面に200〜300個の卵を産みつける。

3 成長した幼虫は、石のうらに移動し、小石を糸でかためたマユを作る。その中でさなぎになる。

とびけらのなかま

まめちしき ヒゲナガカワトビケラの幼虫は、長野県では「ザザムシ」とよばれ、佃煮（つくだに）にして食べます。

水中ミノムシ図鑑

トビケラのなかまの多くは、幼虫のときに水中でミノムシのようなケースを作り、移動しながらくらしています。ケースの材料や形にはそれぞれとくちょうがあります。

砂つぶや小石で作ったケース

カタツムリトビケラのなかま
📏 3mm 🦋 ほぼ1年中
🔍 山の中の細い沢

フタスジキソトビケラ
📏 20mm 🦋 ほぼ1年中
🔍 山の中の細い沢

ニンギョウトビケラ
📏 15mm 🦋 ほぼ1年中
🔍 上流から中流の石の表面

ホソバトビケラ
📏 15mm 🦋 ほぼ1年中
🔍 流れのゆるやかな川の砂底

自分の糸で作ったケース

クロツツトビケラ
📏 18mm 🦋 秋から春
🔍 上流の流れがはやい岩の表面

落ち葉や小枝で作ったケース

コカクツツトビケラ
📏 13mm 🦋 ほぼ1年中
🔍 けい流の落ち葉がたまったよどみ

トビイロトビケラ
📏 22mm 🦋 ほぼ1年中
🔍 小川のよどみ

ムラサキトビケラ
📏 50mm 🦋 ほぼ1年中
🔍 けい流の落ち葉がたまったよどみ

エグリトビケラ
📏 45mm 🦋 ほぼ1年中
🔍 池やぬまなど

マルバネトビケラ
📏 22mm 🦋 ほぼ1年中
🔍 池やぬま、川のよどみ

コバントビケラ
📏 20mm 🦋 ほぼ1年中
🔍 川のよどみの落ち葉の中

トウヨウウスバキトビケラ
📏 12mm 🦋 冬から春
🔍 池やぬま

キタガミトビケラ
📏 20mm 🦋 秋から春
🔍 上流の流れがはやい岩の表面

キタガミトビケラはケースを石にくっつけてくらしています。あしをひらいて、流れてくるえものを待ちかまえます。

とびけらのなかま

あり

アリは巣を作って大家族でくらすこん虫。働きアリたちは手分けをして、いろいろな仕事をします。アリを見つけたらどんな仕事をしているか、かんさつしてみよう。

クロオオアリ

🦋 4〜10月
🌱 小さい生き物など
🔍 かんそうした日当たりのいい場所

女王アリ
📏 16mm

働きアリ（兵アリ）
📏 8〜12mm

とくちょう

巣にはたくさん部屋がある

▲巣には部屋があり、そこでは幼虫やさなぎが集められて、働きアリが世話をしているよ。卵を産むのは1匹の女王アリだけ。

◀土をはこぶ働きアリ。働きアリはすべてメスだよ。

においで話をするよ！

おーい ここ ここ ぞろぞろ…

同じ巣のなかまに「フェロモン」とよばれるにおいを使って、えさの場所などを伝えたりするよ。

空の上で結婚する！

5月中旬になると、はねをもった新女王アリとオスアリが生まれて、空を飛びながら結婚する。これを結婚飛行というよ。5月ごろ、はねのあるアリをさがしてみよう。

▲巣から飛び立つオスアリ。オスアリは、結婚飛行のときだけ生まれるよ。

◀はねのある新女王アリ。

まめちしき アリはハチと同じなかまです。ハチも巣を作り、集団で生活するものが多くいます。

かいかた

はばのせまいケースでかうと、アリの巣作りがよくかんさつできます。ちょうどいいケースがなければ、手作りしてみましょう。

えさ

くだもの、さとう、にぼし、ティッシュにしみこませたスポーツドリンクなどの甘い液体。

リンゴ
にぼし
スポーツドリンクなど

はば5cm くらいのケース。

●同じ巣のアリ（クロオオアリ）を30匹くらい集めてケースに入れる。

＊ちがう巣のアリを入れるとけんかをしてしまう。
＊働きアリのじゅ命は2か月くらい。

ビニールパイプの通り道。

えさ場

透明プラスチックの容器で作る。

●ケースを作ってみよう

厚さ1cm、はば5cmの角材でコの字形の木わくを組み、そこに厚さ2mmのガラス板を2枚固定する。土を3分の2くらい入れたら、ふたをする。えさ場を別に用意し、直径1cmのビニールパイプでつなぐ。

女王アリをつかまえたら

つかまえた女王アリは、小さなケースにしめらせたティッシュをしいて入れておく。働きアリが羽化するまでえさはいらない。働きアリが数匹羽化したら、土を入れたケースにうつす。じょうずにかうと、働きアリの数が少しずつふえていく。

アリ図鑑

日本にはおよそ80種類のアリのなかまがいます。身近なところで見られる種類をしょうかいします。

クロヤマアリ
📏4〜6mm（働きアリ）
🌷3〜11月 🟢小さい生き物など
庭や公園でよく見られる。

トビイロケアリ
📏3〜4mm（働きアリ）
🌷3〜11月 🟢小さい生き物など
くち木などに巣を作る。

クロクサアリ
📏4〜5mm（働きアリ）
🌷4〜10月 🟢小さい生き物など
木が多いところにすむ。

クロナガアリ
📏4〜5mm（働きアリ）
🌷8〜11月 🟢小さい生き物など
秋にイネ科植物の実を集める。

まめちしき シロアリはアリのなかまではなく、ゴキブリに近いなかまです。

ハチ図鑑 ミツバチなどの進化したハチのグループは大きな巣を作り、かぞくでくらします。

ミツバチのなかま

花ふんやみつを集めて巣に運び、幼虫の世話をします。巣には、1匹の女王バチがいます。

ニホンミツバチ
🖌働きバチ 13mm 🦋3〜10月 🔍雑木林
日本にもともといたミツバチで、木のうろなどに巣を作る。

セイヨウミツバチ
🖌働きバチ 13mm 🦋3〜10月 🔍町や人里
はちみつをとるためにかわれていることが多い。

ミツバチとスズメバチのなかまは、巣に近づくとこうげきしてきます。注意しましょう！

スズメバチのなかま

スズメバチのなかまは、巨大な巣を作り、かぞくで生活しながら、つかまえてきたこん虫を幼虫にあたえて世話をします。樹液によく集まります。

キイロスズメバチ
🖌働きバチ17〜25mm
🦋3〜10月 🔍雑木林
木の枝などに、木くずなどを材料にした巨大な巣を作る。

オオスズメバチ
🖌働きバチ27〜37mm
🦋3〜10月 🔍雑木林
地中に巨大な巣を作る。中には巣の板が重なっている。

● スズメバチのなかまのほかに、つりがね型の巣を作るアシナガバチのなかまや、かぞくを作らないドロバチのなかまがいます。

コアシナガバチ
🖌11〜17mm
🦋4〜10月
🔍町中や雑木林
家の、のき下などによく巣を作る代表的な種類。

スズバチ
🖌18〜30mm
🦋8〜9月
🔍人里
どろで巣を作りガの幼虫をつかまえて運ぶ。

オオフタオビドロバチ
🖌16mm 🦋6〜10月 🔍町中や雑木林
竹筒などに作った巣に、つかまえたガの幼虫を運ぶ。

まめちしき ハチのなかまのはねは2枚に見えますが、それは前後のはねがつながっているからです。

ハバチ・キバチのなかま

ハバチとキバチのなかまは、原始的なハチです。

チュウレンジバチ

📏8mm 🦋4〜10月 🔍町中

バラのくきに卵を産みつける。

クロヒラアシキバチ

📏30mm 🦋5〜6月 🔍雑木林

幼虫はくち木を食べて育つ。

タマバチ・コバチのなかま

タマバチのなかまは、植物に卵を産んで、そこにできた虫こぶの中身を食べて育ちます。

ナラリンゴタマバチ

📏3〜4mm
🦋5〜6月・12〜1月
🔍雑木林

コナラの冬芽に卵を産みつける。

虫こぶ

ヒメバチ・コマユバチ・セイボウのなかま

ヒメバチとコマユバチ、セイボウのなかまは、ほかのこん虫に卵を産んで、寄生して育ちます。

アゲハヒメバチ

📏14〜17mm 🦋5〜9月 🔍町中

アゲハの幼虫に産卵する。

ウマノオバチ

メス

産卵管

📏20mm 🦋5〜6月 🔍雑木林

長い産卵管を使い、木の中にいるシロスジカミキリの幼虫に産卵する。

オオセイボウ

📏12〜20mm 🦋7〜8月 🔍雑木林

とても美しいハチで、スズバチの幼虫に寄生する。

アナバチ・ベッコウバチ・ツチバチのなかま

アナバチやベッコウバチのなかまは、つかまえたこん虫を土の中に入れて、そこに卵を産みます。ツチバチのなかまは、コガネムシの幼虫に寄生して育ちます。

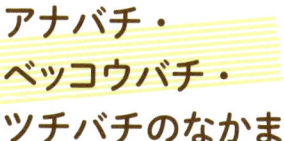

クロアナバチ

📏23〜33mm 🦋7〜9月 🔍人里

キリギリスのなかまをつかまえて、地面に深くほった巣に運ぶ。

オオモンクロクモバチ

📏12〜25mm 🦋6〜8月 🔍人里

クモのなかまをつかまえて、地面にほった巣に運ぶ。

オオハラナガツチバチ

📏25〜32mm 🦋6〜10月 🔍人里

コガネムシの幼虫に寄生。秋にセイタカアワダチソウなどによく集まる。

まめちしき ハチの毒針は、メスの産卵管が変化したものです。そのためオスには毒針がありません。

うすばかげろう ［ありじごく］

おそろしい名前の「ありじごく」は、じつはウスバカゲロウの幼虫です。すり鉢のようなわなを作り、小さな虫を落として食べます。幼虫のくらしや、成虫のすがたをかんさつしてみよう。

ウスバカゲロウ
成虫

幼虫
（ありじごく）

あみめかげろうのなかま

とくちょう

地面にわなを作る！

幼虫は、雨がかからない神社や家ののき下など、さらさらした土のところに落とし穴を作るよ。

わなでつかまえる！

えものがわなに落ちると、砂をかけてのぼれないようにする。大アゴをえものにさして体液をすうよ。

くらし

🪮 35〜45mm
🦋 7〜9月　🟢 小さい生き物

ありじごくの落とし穴は春から秋に見られます。幼虫期間は1〜3年で、えさが多いと早く成長します。成虫は雑木林や公園など木が多い場所にくらします。成虫も幼虫も動物食です。

1 ウスバカゲロウの卵。大きさ1mm ほど。

2 大きなアゴをもつ幼虫。前には進めず、後ずさりしかできない。2回脱皮する。

3 十分に成長した幼虫は、球形のマユを作ってさなぎになる。

4 羽化した成虫。夜に飛びまわり、小さい虫を食べる。あかりに集まる。

まめちしき ウスバカゲロウのなかまの幼虫には、落とし穴を作らないものもいます。

かいかた

ありじごくをかって、えさをつかまえるところをかんさつしてみよう。幼虫期間は 1 ～ 3 年。じょうずに育てると羽化させることもできます。

えさ

ダンゴムシ・アリ・ミールワームなど、小さい生き物。

アリ
ダンゴムシ

30cmのケースで、6匹くらいかえる。さらさらした土や砂を7cmくらい入れる。

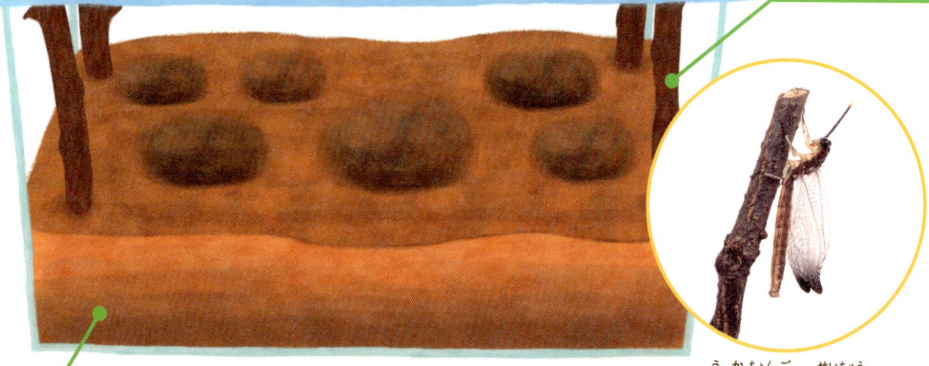

羽化した成虫がのぼる枝を立てる。

羽化直後の成虫

さなぎになると落とし穴がこわれたままになり、2週間ほどで土の中から成虫があらわれ、枝にのぼってはねをのばす。

土がかわきすぎたら、ケースの底をしめらせるように、水をケースの四すみから少しだけ入れる。

かんさつしよう

うずを巻きながらわなを作る

ありじごくは、うずをえがくように中心に向かって、後ろ向きに進みながら落とし穴を作ります。そのときに頭で砂を外がわへはじき飛ばすことで、落とし穴がすり鉢状になるのです。

ありじごくつりにチャレンジ！

たこ糸の先を落とし穴に入れて、こきざみに動かしてみよう。「アリが来た！」とかんちがいして、たこ糸に食いつきます。ありじごくがしっかりかみついたら糸をゆっくりひっぱると、つりあげることができるよ。写真のように、つり針に小さい虫やミールワームをつけて、つることもできる。

まめちしき ありじごくは、羽化直後に幼虫時代に体にためたうんちのかたまりを出します。

はさみむし

ハサミムシはおなかの先にあるはさみを使って身を守ったり、えものをつかまえたりします。家のまわりにも多くいるので、石などをひっくりかえして、さがしてみよう。

オス

メス

くらし ヒゲジロハサミムシ

石のうらからよく見つかるヒゲジロハサミムシ。小さい虫を、はさみでおそって食べてくらしています。

ヒゲジロハサミムシ
📏18〜30mm 🦐ほぼ1年中
🔍公園や林の地面やくち木など

はさみの形のちがいでオスとメスが見分けられる。はさみが細長いほうがメス。

1 ヒゲジロハサミムシの成虫。はさみにはさまれると少しいたいけれど、毒はもっていない。

2 メスは卵を100個くらい産み、卵の世話をしながら幼虫が生まれてくるのをまつ。

3 2週間ほどでふ化し、1週間ほど親子でいっしょにすごしたあと、幼虫は旅立っていく。

びっくり情報

子どもに身をささげる母虫

コブハサミムシの幼虫は、生まれてしばらくすると母虫を食べはじめます。母虫は抵抗せずに、子どもたちのはじめての食べ物になるのです。

ふ化の数日後、とつぜん母虫を食べはじめる幼虫。

かいかた

●えさはミールワームがあたえやすい。リンゴとにぼしもよく食べる。

10cmのケースで、1〜2匹かえる。

木や石を入れて、もぐりこむすきまをつくる。

しめった土を4cmくらい入れる。

はさみむしのなかま

まめちしき ハサミムシの母虫はとても熱心に子育てします。カビやダニがつかないように卵を動かしたり、ふ化した幼虫にえさを運んだりします。

ごきぶり

きらわれもののゴキブリですが、じつはゴキブリのなかまのほとんどは森の中でひっそりとくらしています。家の中で見られるクロゴキブリは江戸時代に船にのったにもつといっしょに外国からやってきました。

クロゴキブリ（メス）
📏30mm
🦋1年中　🔍家の中

くらし　クロゴキブリ
クロゴキブリは、あたたかい地域の家の中でよく見られる種類です。

① 夜に活動し、触角を動かしながらすばやく動き回る。

② 幼虫期間はとても長く、成虫になるまで2年もかかる。

③ 飛ぶこともとくい。

ゴキブリ図鑑
ゴキブリのなかまは、あたたかい地域にたくさんの種類がいます。冬が寒い地域でも、1年中あたたかい建物の中では、熱帯性の種類がすんでいることがあります。

チャバネゴキブリ
📏10〜12mm　🔍クロゴキブリと同じように建物の中でよく見られる。あたたかい場所がすきで、飲食店などにも多くすむ。

オオゴキブリ
📏40〜43mm　🔍自然がゆたかな山の中で、大きなくち木の中にトンネルをほりながらくらす。

ヤマトゴキブリ
📏20〜25mm　🔍雑木林にすんでいるが、家の中に入ってくることもある。日本にもともといたゴキブリ。

コワモンゴキブリ
📏30mm　🔍世界の熱帯地域に広くすんでいる。日本では沖縄などあたたかい地方で見られ、家の中に入ってくることもある。

まめちしき 日本でいちばん古いこん虫化石は、ゴキブリの化石です。

だんごむし

ダンゴムシはこん虫ではなく、エビやカニなどのなかまです。ゆっくりと歩くのでつかまえやすく、さわるとすぐに丸くなります。とても親しみやすく、子どもたちに大人気の生き物です。

オカダンゴムシ

✏️ 10〜14mm
🧣 1年中
🔍 家のまわりや公園など

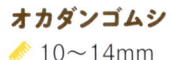

成体のあしの数は14本、生まれたばかりの子むしは12本。

そのほかの生き物

とくちょう

丸まるのがとくい！

敵に攻撃されると丸くなって身を守るよ。

脱皮をして大きくなる

脱皮をくり返して大きくなるよ。

四角いうんち

長方形で平べったいうんちをするよ。

くらし　オカダンゴムシ

しめった地面がすきで、森林よりも家のまわりでよく見られます。春から秋まで活動し、冬は落ち葉の下などで冬をこします。

メスはおなかの中に50〜200個の卵を産む。

卵はおなかの中でふ化する。子むしの大きさは1.5mmほど。

生まれた子むしは、親とほとんど同じすがた。丸くなることもできる。

かいかた

ダンゴムシは身近にある入れ物を使ってかんたんにかうことができます。昼間よりも夜によく動き回り、えさを食べます。皮をぬいで大きくなるところをかんさつしてみましょう。

えさ

やわらかいかれ葉、くだもの、野菜、にぼし、花など。からの栄養になるカルシウムとして、卵のからをあたえる。

かれ葉

ニンジン

にぼし

卵のから

砂がかわかないように、きりふきなどで水分をあたえる。えさは古くなる前にとりかえる。

30cmのケースで、20匹くらいかえる。

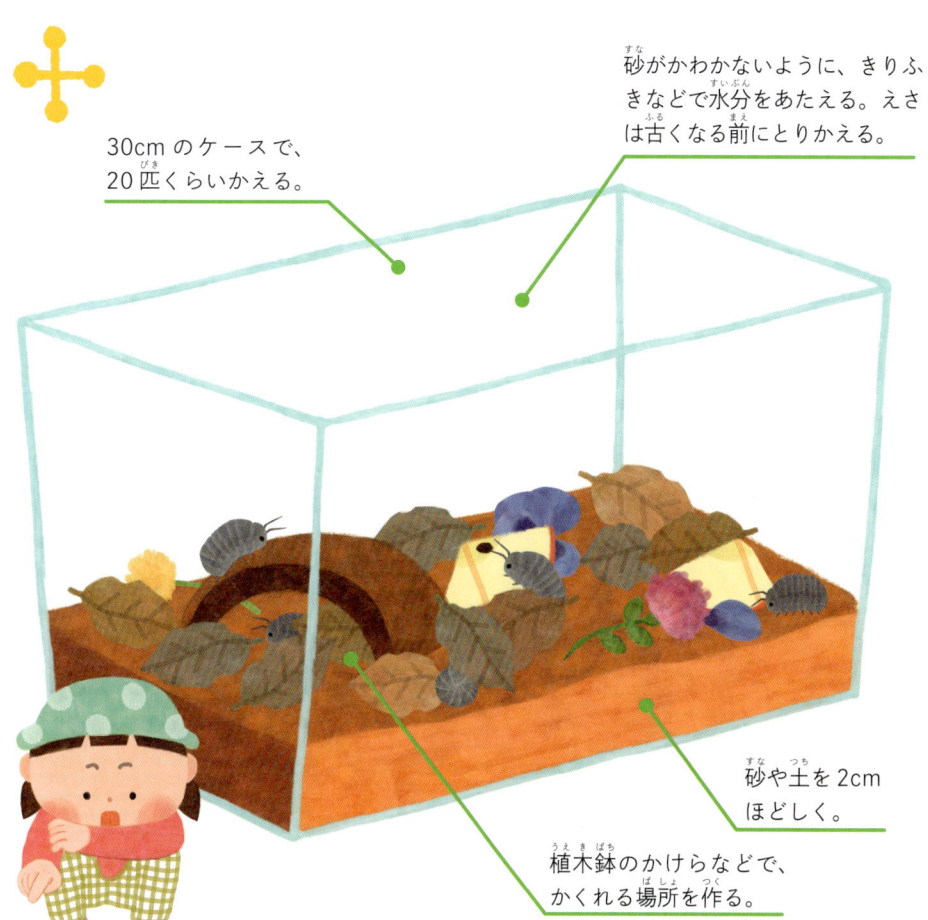

砂や土を2cmほどしく。

植木鉢のかけらなどで、かくれる場所を作る。

かんさつしよう　どうやって歩くのかな？

ダンゴムシは、かべにあたったときに、右と左に交互にまがって、進む性質があります。だからつみ木などでめいろを作ると、ジグザグに進むよ。

あし先には、とがったつめがあって、細いぼうなどもスイスイ歩けるよ。いろいろなところを、歩かせてみよう。

くも

オス

メス

ジョロウグモ

📏 オス6〜13mm・メス15〜30mm
🦋 9〜10月　🔍町中のしげみなど

こん虫のあしは6本、クモのあしは8本。クモはこん虫とからだのつくりやあしの数がちがい、こん虫のなかまではありません。おなかから出す糸であみをはる種類がたくさんいます。

くらし　ジョロウグモ

ジョロウグモは、町中でも見られる大きいクモで、秋になると大きなあみをはります。メスは毒々しい色をしていますが、人をかむことはなく、とてもおとなしいクモです。

そのほかの生き物

1

木の枝などにUの字形の大きなあみをはる。横糸は数本ごとにすき間があり、楽譜の五線譜ににている。えものがかかりやすいように、横糸はネバネバしている。

2

あみにかかった虫を食べる。

3

あみを直しているところ。糸は腹の先のほうから出される。

4

夏の終わりころ、メスのあみにオスがやってきて交尾のチャンスをうかがう。

5

腹のつけね近くにあるメスの生殖器に、オスは触肢をさして精子を渡す。

6

メスは11月ごろに木の皮や建物のかべなどに卵のかたまりを産む。

7

糸でおおわれた卵のかたまりで冬をこし、5月ごろにふ化する。

8

子グモは1週間くらい集団でくらす。

9

その後、高いところに上って糸を出し、風を利用して旅立っていく。

まめちしき オニグモは、毎日夕方になると新しいあみをはり、朝になるとあみを食べてかたづけてしまう。

クモ図鑑

クモのなかまは身近な場所にたくさんすんでいます。
あみの形にはそれぞれとくちょうがあり、あみをはらないクモもたくさんいます。

ジグモのすみか

✏ オス10〜15mm・メス15〜20mm
🔍 長い袋形のすみかを作る。

ウズグモのなかま

メス

✏ 5mm 🔍 道脇のしげみに、うず巻き形のあみをはる。

オオヒメグモ

メス

✏ オス4〜5mm・メス6〜8mm
🔍 建物のすみにあみをはる。

オナガグモ

メス

✏ オス12〜25mm・メス20〜30mm
🔍 木の枝先によくいる細長いクモ。

オニグモ

メス

✏ オス15〜20mm・メス20〜30mm
🔍 軒下に多い、大きいクモ。

コガネグモ

メス

✏ オス5〜15mm・メス20〜30mm
🔍 夏の林などで見られる。

ナガコガネグモ

メス

✏ オス6〜10mm・メス18〜25mm
🔍 秋の草原や田んぼのまわり。

オオトリノフンダマシ

メス

✏ オス2〜3mm・メス10〜14mm
🔍 昼間、葉のうらでじっとしている。

ヒラタグモ

メス

✏ 10mm 🔍 建物のかべに幕のような目立つすみかを作る。

コクサグモ

メス

✏ 10mm 🔍 生垣などに幕のようなすみかを作る。

カバキコマチグモのすみか

✏ 10〜15mm 🔍 夏から秋に草原ですみかが目立つ。

コアシダカグモ

メス

✏ オス15〜20mm・メス20〜25mm
🔍 木のうろやがけにすむ。

ハナグモ

メス

✏ オス2〜5mm・メス4〜8mm
🔍 花や枝の先で、えものを待ちかまえる。

ワカバグモ

オス

✏ オス6〜10mm・メス9〜12mm
🔍 花や枝の先で、えものを待ちかまえる。

マミジロハエトリ

オス

✏ 6〜9mm 🔍 生垣や下草でよく見られる。

アリグモ

オス

✏ 7〜10mm 🔍 枝の先で見られる、アリにそっくりのクモ。

🟧 まめちしき 日本には、水の中にすみかを作ってくらす「ミズグモ」というクモがいます。世界中で日本にしかいない、とてもめずらしいクモです。

そのほかの生き物

かたつむり

ミスジマイマイ
✏ 32〜45mm

カタツムリはこん虫ではなく、陸でくらす貝のなかまです。雨が大すきなので、夏と秋の雨がふる日に出会うことが多いです。ゆっくりとした動きのかわいい生き物です。

とくちょう

さわるとひっこむ目

2本の角みたいに見えるのは触角。触角の先に目があり、目をさわるとひっこむよ。

歩きながら食べる！

歩きながらえさを食べるよ。食べあとは、ジグザグもようになって残る。

雨がふるまでひと休み

雨がふらないと、葉っぱなどにくっついて、体がかわかないようにするよ。

くらし　ミスジマイマイ

ミスジマイマイは、6月の梅雨のころから活動が活発になり、交尾や産卵をします。生まれてから大人になるまで、2〜3年かかり、10年くらい生きるものもいます。

1 ミスジマイマイは土の中に 30 〜 50 個ほどの卵を産む。

2 1 か月ほどで、3mm くらいのカタツムリが生まれる。

まめちしき カタツムリは、1個体にオスとメスの両方の機能をもっている雌雄同体（しゆうどうたい）です。

そのほかの生き物

かいかた

カタツムリは、えさにこまることもなく、とてもかいやすい生き物です。冬になって気温が下がると動かなくなります。えさは必要ありませんが、土がかわかないように注意しよう。

えさ

キュウリ、ニンジン、レタスなどの野菜。からの栄養になる、卵のからもあたえる。

卵のから　　キュウリ

ニンジン

● 40cm のケースで、4〜5匹かえる。

毎日、きりふきで水をあたえる。うんちでよごれてきたらそうじをする。

木を入れて歩き回れるようにする。

しめらせた砂や土を5cmくらい入れる。園芸用の赤玉土や鹿沼土もりようできる。

んさつしよう

うんちの色がかわる！

カタツムリは食べるものによって、うんちの色が変わるよ。えさを変えて、どんな色のうんちをするか、かんさつしてみよう。

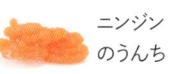ニンジンのうんち

キュウリのうんち

レタスのうんち

どんな歩きかた？

ガラスを歩かせて、うらがわから歩くようすや口の形をかんさつしてみよう。

口

おもしろ情報

もようがいろいろ

もようがちがいますが、どちらも同じミスジマイマイです。

すじがない

しましまがたくさん

からが左巻き

ヒダリマキマイマイは、からの巻く向きがミスジマイマイとは逆だよ。

ヒダリマキマイマイ

まめちしき カタツムリのからは、ひびが入っても再生します。

そのほかの生き物

地球は、こん虫の楽園

こん虫は、小さい体を生かして、あらゆる環境にくらし、そのくらしぶりは変化に富んでいます。その結果、地球でもっとも繁栄した生きものになりました。世界中の動物の3分の2の種類がこん虫です。地球は、まさにこん虫の楽園なのです。そんなこん虫たちの歴史と、とくちょうを見てみましょう。

こん虫の歴史

地球が誕生して46億年。気の遠くなるような年月をへて、今の世界があります。こん虫が誕生したのは、4億8千万年前と考えられています。人類の誕生はおよそ700万年前なので、こん虫は人間よりもずっと長い間、地球でくらしているのです。

もっとも原始的なこん虫、イシノミ

イシノミは、はねをもたず、変態もしない、もっとも原始的なこん虫です。こん虫にもっとも近い生き物はエビやカニなどの甲殻類ですが、イシノミの形はエビによくにています。

ヒトツモンイシノミ
うす暗い森の岩の上で、こけなどを食べてくらしている。

はねをもったとき種類がふえた

こん虫は飛ぶ能力をもったときに爆発的に進化し、たくさんの種類に分かれました。日本のこん虫はわかっているだけでも約3万種で、研究が進めば10万種になるともいわれています。世界では500万〜3000万種ともいわれ、さらに毎年1000をこえる新種が発表されています。

メガネウラ・モニィの想像図

こん虫がもっとも栄えたのは今からおよそ3億年前。そのころ地球の空を支配していたのは、トンボのような形をした巨大なメガネウラです。はねを広げた大きさが70cmもあったことが、化石からわかっています。

体のつくり

こん虫の体は、頭、胸、腹の3つの部分に分かれています。胸には6本のあしと、ふつう4まいのはねがあります。いろいろなすがたのこん虫がいますが、基本的な体のつくりはみんな同じです。

チョウ

ハチ

バッタ

| 頭 | 胸 | 腹 |

カブトムシ

こん虫の成長のしかた

こん虫の幼虫は脱皮をくりかえして成長し、成虫になると次の世代を残します。

成長のしかたは大きく3つに分けられます。

●無変態

（シミ・イシノミ）

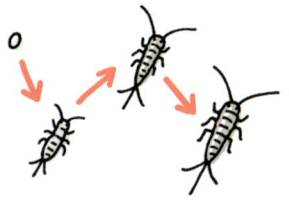

脱皮しても、幼虫と成虫のくらしとすがたに大きな変化がない。成虫にははねがなく、成虫も脱皮する。

●不完全変態

（トンボ・カマキリ・バッタなど）

幼虫と成虫のすがたがにている。脱皮しながら、はねのもとになる部分が少しずつ発たつする。

●完全変態

（チョウ・コウチュウ・ハチなど）

幼虫と成虫の間にさなぎの期間があり、くらしとすがたが大きく変わる。

小さいことはいいことだ！

こん虫は、小さい体であったことが繁栄につながったと考えられています。

小さい体をもつことで、世代交代が早くなり、生きることに有利な突然変異をおこす機会がふえました。その結果、さまざまな環境に適応できるようになりました。

小さい体にはねをもつことで、飛んでいってすむところを広げたり、てきからにげやすくなったりしました。

まんぷく！

小さい体をもつことで、食べ物が少なくてすみます。食べ物をさがすのに、それほどこまりません。

小さくても、たくましく生きているね。

危険なこん虫に気をつけよう

こん虫のなかには、自分の身を守るために毒をもつものがいます。どんなこん虫が危ないかよくおぼえておいて、子どもたちを近づけさせないようにしてください。また、決して子どもたちだけで虫とりをしないようご指導ください。

●危険なハチのなかま

ハチの多くは毒針をもっていますが、押さえつけなければ刺されることはないので、むやみにこわがることはありません。しかし、スズメバチやアシナガバチのなかまなどは、巣に近づくと攻撃してきますので注意が必要です。

樹液に集まるオオスズメバチ。

コアシナガバチの巣。

●危険なコウチュウのなかま

コウチュウのなかまには、体内に毒をもっているものがいます。強くつかんだり、つぶしたしるがひふにつくと、ただれるので注意しましょう。

雑木林の葉の上や、あかりにもよく飛んでくるアオカミキリモドキ。

田んぼのまわりなど、しめった場所に多いアオバアリガタハネカクシ。

秋の草原にあらわれるマメハンミョウ。

●危険なガのなかま

毒を持つガのなかまはごく一部ですが、身近に多いので注意しましょう。発生する木の種類やすがたをよくおぼえておき、さわらないようにします。

あかりに飛んできたドクガ。

初夏の雑木林に多いドクガの幼虫。

カキやクリなどに多いイラガの幼虫。

●血をすうこん虫

こん虫のほうから人に近よってくるのが、血をすってくらすこん虫のなかまです。長そでを着たり、虫よけを使ってふせぎましょう。

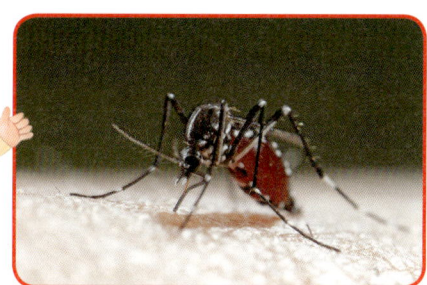

人の血をすうヒトスジシマカ。

小川の近くに多いブユのなかま。

おうちの方へ

虫 とりのルールとマナー

●危険な場所に行かない

「立入り禁止」のところには、当然入ってはいけません。がけがあるような場所にも近づかないこと。水辺の虫とりは危険が多いので、かならず大人といっしょに行くようご指導ください。

●虫とりをしてはいけない場所

国立公園の「特別保護区域」では、こん虫など一切とってはいけません。また、身近な公園でも「動植物の採集禁止」とされているところでは、こん虫をとってはいけません。

●こん虫は必要なだけ持ちかえる

とったこん虫を虫かごにやたらとつめこめば、すぐに弱ってしまいます。また、かうなどの目的がない場合は、持ちかえらないでください。

●畑や田んぼで勝手に虫とりをしない

畑や田んぼなど作物を作っている場所で、虫とりをするときは、かならず土地の持ち主に許可をとりましょう。

●とってはいけないこん虫がいる

国や県などが「天然記念物」に指定したこん虫や「種の保存法」にさだめられた種類も、とってはいけません。また、「生息地指定」で保護されているこん虫もいますので、ご注意ください。

＊とってはいけない種類や場所の情報はインターネットなどで調べましょう。

国が指定した天然記念物のこん虫「ヤンバルテナガコガネ」